MÉMOIRE

SUR

LA GÉOMÉTRIE DES HINDOUS.

ANALYSE DE LA PARTIE GÉOMÉTRIQUE

DES OUVRAGES DE BRAHMEGUPTA ET DE BHASCARA ACHARYA;

Par M. Chasles,

ANCIEN ÉLÈVE DE L'ÉCOLE POLYTECHNIQUE.

Ayant reçu des Arabes, dans nos fréquentes communications avec ce peuple, notre système de numération, nous lui avions d'abord fait honneur de cette idée ingénieuse et féconde, qui a rendu de si grands services aux sciences, et à l'astronomie principalement. Mais on a reconnu depuis, par différens documens émanés des Arabes eux-mêmes, que cet honneur appartenait aux Indiens. Une si belle et si utile invention, qui, avec neuf signes seulement, prenant des valeurs de position suivant une loi très-simple, pouvait exprimer

1

tous les nombres imaginables, et abrégeait singulièrement les calculs, si pénibles chez les Latins, était propre à mériter à ses auteurs l'estime de l'Europe qui l'avait adoptée universellement, et à faire penser que le peuple Hindou avait été capable d'autres progrès dans les sciences mathématiques.

En effet, on ne tarda point à apercevoir quelques indications qui annonçaient que ce peuple avait cultivé aussi une *arithmétique supérieure*, d'où dérivait celle qui nous a été transmise des Arabes par Fibonacci, sous le nom d'*Algebra et Almucabala*, et qui forme aujourd'hui notre algèbre.

L'histoire des sciences était vivement intéressée à l'éclaircissement de ces premières indications.

Depuis une vingtaine d'années elles ont reçu une confirmation complète.

Au commencement de ce siècle, MM. Taylor, Strachey et Colebrooke [1] nous ont fait connaître les ouvrages mathématiques de deux auteurs hindous, qui passent pour les plus célèbres de leur nation, Brahmegupta et Bhascara Acharya; le premier du VIe siècle et le second du XIIe de l'ère vulgaire. Ces ouvrages traitent de l'*arithmétique*, de l'*algèbre* et de la *Géométrie*. L'arithmétique et l'algèbre en sont la partie la plus considérable, et confirment pleinement l'opinion émise en faveur des Indiens, comme inventeurs de ces deux branches de la science du calcul, telles que nous les avons reçues des Arabes, et même dans un état de plus grande perfection.

En effet, les commentaires de divers auteurs hindous, qui accompagnent le texte de ces deux ouvrages, attribuent à un auteur, encore plus ancien que Brahmegupta, et qu'ils nomment Aryabhatta, la résolution de l'équation du premier degré à deux inconnues, en nombres entiers, par une méthode semblable à celle de Bachet de Méziriac, qui a paru en Europe, pour la première fois, en 1624. « Les ouvrages de Brahmegupta et de Bhascara renferment des recherches d'un ordre beaucoup plus élevé. Outre la résolution générale de l'équation à une seule inconnue du second degré, et celle de quelques équations dérivatives des degrés supérieurs, on y trouve la manière de déduire d'une seule solution toutes les autres solutions entières d'une équation indéterminée du second degré à deux inconnues; et cette analyse, que nous devons à Euler, était connue aux Indes depuis plus de dix siècles. Un calcul qui a de la ressemblance avec les logarithmes, des notations particulières fort ingénieuses, et surtout une grande généralité dans l'énoncé des problèmes attestent les progrès de l'analyse indienne. Cette science, que les Hindous appliquaient à la Géométrie et à l'astronomie, était pour eux un puissant instrument de recherche, et l'on doit citer avec éloge plusieurs problèmes géométriques dont ils avaient trouvé d'élégantes solutions. »

Nous nous bornerons à cette indication succincte des travaux analytiques des Hindous, que nous avons empruntée de l'*Histoire des sciences mathématiques* de M. Libri. Mais

---

[1] *Bija Ganita*, or *the Algebra of the Hindus*, by *Edw. Strachey*. London · 1813 in-4º. — *Lilawati or a treatise on Arithmetic and Geometry by Bhascara Acharya*, translated from the original sanscrit by *J. Taylor*. Bombay; 1816, in-4º. — *Algebra, with Arithmetic and Mensuration*, from the sanscrit of *Brahmegupta and Bhascara*; translated by *H. T. Colebrooke*. London; 1817, in-4º.

(3)

il nous faut entrer dans plus de développemens pour faire connaître leur Géométrie, qui est ici notre objet spécial.

On s'est borné, dans les extraits et les analyses qu'on en a donnés, à citer quelques propositions, qui sont : le carré de l'hypoténuse ; la proportionnalité des côtés dans les triangles équiangles ; les segmens faits par la perpendiculaire sur la base d'un triangle ; l'aire de cette figure en fonction des trois côtés ; un rapport approché de la circonférence au diamètre ; la valeur des côtés des sept premiers *polygones réguliers inscrits au cercle* ; une relation entre la corde d'un arc, son sinus-verse et le diamètre ; et enfin quelques propositions sur le calcul des distances par l'ombre du gnomon [1].

On a cru voir, généralement, dans ces *diverses propositions*, et conséquemment dans la partie géométrique des ouvrages de Brahmegupta et de Bhascara, des *élémens de Géométrie*, ou du moins, les propositions élémentaires et primordiales sur lesquelles reposait toute la science des Hindous. Aussi a-t-on regardé leurs connaissances géométriques comme infiniment inférieures à leurs connaissances en algèbre [2].

Mais en cherchant à nous rendre compte, par une étude approfondie de la partie géométrique des ouvrages hindous, de la signification de plusieurs propositions dont on n'avait point encore parlé, et du rôle que ces diverses vérités, qui paraissaient d'abord sans lien entre elles, et comme jetées au hasard, jouent dans cet ouvrage, nous avons été conduit à reconnaître, d'une part, que les propositions dont il n'avait point encore été fait mention étaient précisément celles qui avaient le plus de valeur ; et ensuite, que l'ouvrage de Brahmegupta, principalement, loin de nous offrir des *élémens de Géométrie*, ou le résumé des propositions les plus usitées chez les Hindous, roulait simplement sur une seule et unique théorie géométrique.

Cette théorie est celle du quadrilatère inscrit au cercle. Brahmegupta y résout cette question, digne d'être remarquée : *Construire un quadrilatère inscriptible, dont l'aire, les diagonales, les perpendiculaires et diverses autres lignes, ainsi que le diamètre du cercle, soient exprimés en nombres rationnels.*

Tel est l'objet de l'ouvrage de Brahmegupta, si nous ne nous abusons dans notre interprétation de la plupart de ses propositions, dont le sens doit être deviné à cause de la concision extrême des énoncés, où manque la plus grande partie des conditions qui devraient y entrer.

On sera étonné sans doute de voir réduire à de telles questions ce qu'on a pu regarder, avant une lecture attentive, comme formant des *élémens de Géométrie*. Ces questions

---

[1] Voir *Correspondance polytechnique*, t. III. Janvier 1816 ; article traduit par M. Terquem de l'ouvrage de M. Hutton, intitulé *Tracts on Mathematical*, etc. III vol. in-8° ; Londres 1812. M. Hutton avait reçu ces neufs et précieux documens sur l'algèbre et la Géométrie des Indiens, de M. Strachey avant que les publications de ce savant orientaliste eussent paru. — *Edinburg Review*, 1817, n° LVII. — Delambre, *Histoire de l'Astronomie ancienne*, t. I ; et *Histoire de l'Astronomie du moyen âge*, Discours préliminaire. — *Journal des savans*, septembre 1817.

[2] *They (the hindus) cultivated Algebra much more, and with greater success, than Geometry ; as is evident from the comparatively low state of their knowledge in the one, and the high pitch of their attainments in the other.* Colebrooke ; *Brahmegupta and Bhascara, Algebra* ; Dissertation, p. XV.

dénotent, sinon un savoir très-étendu, du moins une certaine habileté en Géométrie, et une habitude du calcul. Sous ce rapport elles sont dans l'esprit algébrique des Hindous. Elles nous font voir qu'il nous reste entièrement à connaître leurs élémens de Géométrie, et elles sont propres à nous faire désirer de retrouver encore d'autres fragmens semblables, du temps de Brahmegupta, ou d'un temps antérieur; car elles nous prouvent que la Géométrie alors a été cultivée avec succès.

L'ouvrage de Bhascara n'est qu'une imitation très-imparfaite de celui de Brahmegupta, qui y est commenté et dénaturé. On y trouve, en plus, quelques questions nouvelles sur le triangle rectangle (qui étaient étrangères à la question traitée par Brahmegupta); une expression approximative remarquable de l'aire du cercle en fonction du diamètre; la valeur des côtés des sept premiers polygones réguliers inscrits, en fonction du rayon; et une formule pour le calcul approximatif de la corde en fonction de l'arc, *et vice versa.*

Mais les propositions les plus importantes de Brahmegupta, relatives à sa théorie du quadrilatère inscriptible au cercle, y sont omises, ou énoncées comme *inexactes.* Ce qui montre que Bhascara ne les a pas comprises.

Cette circonstance et les commentaires de différens scoliastes, nous paraissent prouver que, depuis Brahmegupta, les sciences, dans l'Inde, ont été en déclinant, et que l'ouvrage de ce géomètre a cessé d'y être compris. On sait, du reste, que dans l'âge présent, les savans indiens sont d'une ignorance profonde en mathématiques [1].

Nous allons présenter une analyse succincte de l'ouvrage de Brahmegupta. Ensuite nous analyserons semblablement celui de Bhascara; et nous signalerons les différences notables que nous avons trouvées entre ces deux ouvrages, écrits à six siècles d'intervalle.

Sur la Géométrie de Brahmegupta.

Les ouvrages de Brahmegupta, dont l'Europe est redevable au célèbre M. Colebrooke, sont extraits d'un traité d'astronomie dont ils forment les douzième et dix-huitième chapitres. Le douzième est un traité d'arithmétique (intitulé *Ganita*), et le dix-huitième un traité d'algèbre (intitulé *Cuttaca*). La Géométrie fait partie du traité d'arithmétique, où elle occupe les sections IV, V, ..., IX, sous les titres, dans le texte anglais, *Plane figure, Excavations, Stacks, Saw, Mounds of Grain,* et *Measure by Shadow.*

La section IV, intitulée : figures planes, *triangle et quadrilatère,* se compose de vingt-trois propositions, comprises sous les § 21–43.

Toutes ces propositions se réduisent à des énoncés d'un style elliptique, extrêmement concis, et ne sont accompagnées d'aucune démonstration. Elles sont présentées d'une manière générale, sans le secours d'aucune figure, et sans qu'il en soit fait aucune application

---

[1] A Poona, que l'on peut regarder comme le principal établissement des Bramines, il y a tout au plus dix ou douze personnes qui entendent le Lilavati ou le Bija-Ganita; et quoiqu'il y ait plusieurs astronomes de profession à Bombay, M. Taylor n'en a pas trouvé un seul qui entendît une page du Lilavati. (Delambre, *Histoire de l'Astronomie ancienne*, t. I, p. 545.)

numérique dans le texte. Mais des notes d'un auteur hindou, nommé Chaturveda, contiennent les figures et les applications qui s'y rapportent.

Quelques-unes des propositions, mais en petit nombre, sont intelligibles, et leur énoncé renferme toutes les parties qui composent une proposition complète. Mais les autres sont énoncées d'une manière très-imparfaite, et ne font aucune mention d'une partie notable des conditions de la question dont la connaissance est indispensable. Par exemple, s'il s'agit d'un quadrilatère, la proposition se réduit à l'expression des longueurs de ses quatre côtés, et laisse ignorer les autres conditions nécessaires pour construire le quadrilatère, ainsi que les propriétés de cette figure, qui ont été, dans l'intention de l'auteur, l'objet de cette proposition. Toutes ces propositions de Brahmegupta ont donc besoin d'être devinées.

Le sens que nous leur avons donné nous a porté à regarder l'ouvrage comme ayant eu pour objet de résoudre les quatre questions suivantes, relatives au triangle et au quadrilatère:

1° *Trouver en fonction des trois côtés d'un triangle, son aire et le rayon du cercle qui lui est circonscrit;*

2° *Construire un triangle dans lequel cette aire et ce rayon soient exprimés en nombres rationnels; les côtés du triangle étant eux-mêmes des nombres rationnels;*

3° *Un quadrilatère étant inscrit au cercle, déterminer, en fonction de ses côtés, son aire, ses diagonales, ses perpendiculaires, les segmens que ces lignes font les unes sur les autres par leurs intersections, et le diamètre du cercle;*

4° Enfin, *construire un quadrilatère inscriptible au cercle, dans lequel toutes ces choses, son aire, ses diagonales, ses perpendiculaires, leurs segmens, le diamètre du cercle, soient exprimés en nombres rationnels.*

Du moins, ces quatre questions se trouvent résolues complétement dans les dix-huit premières propositions de l'ouvrage de Brahmegupta, qui suffisent pour leur solution, et dont aucune n'y est étrangère ; de sorte qu'on peut dire que ce traité est écrit avec intelligence et précision. Quelques autres propositions, qui viennent à la suite, roulent sur d'autres matières.

On peut regarder aussi l'ouvrage de Brahmegupta comme ayant eu pour objet unique une seule des quatre questions que nous venons d'énoncer, qui serait la dernière, relative au quadrilatère inscrit. Les trois autres seraient des prémices indispensables pour la solution de celle-là ; et en effet, toutes les propositions dont elles se composent ont leur application dans la solution complète de la question du quadrilatère.

Avant de passer à l'analyse de l'ouvrage de Brahmegupta, il nous faut faire connaître quelques expressions de la nomenclature mathématique des Hindous, dont ils font un usage très-heureux pour énoncer les théorèmes d'une manière concise et sans le secours de figures ; ce qui leur donne un caractère de généralité qui manquait souvent à la Géométrie des Grecs. Nous nous servirons ensuite des mêmes expressions : elles nous faciliteront le discours, et nous permettront quelquefois de conserver le style des géomètres indiens.

Dans un triangle, un côté est appelé la *base*, et les deux autres, les *côtés* ou les *jambes* ; la *perpendiculaire* est la ligne abaissée perpendiculairement sur la base, du point d'intersection des deux côtés; les *segmens* sont les parties comprises entre le pied de la perpendiculaire et les deux extrémités de la base.

Dans un triangle rectangle, un côté de l'angle droit est appelé le *côté*, et l'autre le *droit* (*upright*), et le troisième l'*hypoténuse*. Au mot *droit*, qui ne s'applique dans notre nomenclature mathématique qu'aux angles, nous substituerons celui de *cathète*, qui était employé par les Grecs et par les Latins.

Le polygone de quatre côtés est appelé *tétragone* (excepté dans le titre de l'ouvrage : (*Triangle et quadrilatère*); l'un des quatre côtés est la *base*; son opposé est appelé le *sommet* (*summit*), et les deux autres les *flancs*.

Ne pouvant nous servir du mot *sommet*, qui s'applique invariablement dans notre langue, à un point, et jamais à une ligne, nous lui substituerons celui de *corauste*, à l'imitation des Latins qui donnaient aussi un nom particulier au côté opposé à la base du quadrilatère, et l'appelaient *coraustus*. Ce mot se rencontre dans quelques anciens manuscrits, et a été reproduit en 1486 dans la *Margarita philosophica*.

Les *perpendiculaires* du quadrilatère sont celles abaissées sur la base des deux sommets qui sont les extrémités supérieures des deux flancs; de sorte qu'elles correspondent respectivement aux deux flancs. Chacune d'elles fait sur la base deux segmens. Le premier, situé entre la perpendiculaire et le flanc correspondant, est appelé le *segment*, l'autre est son *complément*. Les Indiens se servent du mot *diagonale* dans la même acception que nous.

Dans le rectangle, les dénominations sont spéciales. Le rectangle est appelé *oblong*; et deux côtés contigus sont appelés, comme dans le triangle rectangle, le *côté* et le *droit*; nous dirons le *côté* et la *cathète*.

Le mot *trapèze* (*trapezium*) est employé plusieurs fois sans être défini. On voit par une note de M. Colebrooke, placée au commencement de la partie géométrique de Bhascara, et empruntée du scoliaste Ganesa, que ce mot, qui répond à la dénomination sanscrite *vishama-chaturbhuja*, s'applique au tétragone qui a ses quatre côtés inégaux.

C'est la signification qu'il avait chez les Grecs (voir la définition 34° du Ier livre d'Euclide), et qui a été conservée jusqu'ici chez les géomètres anglais [1]. C'est la significa-

---

(7)

tion que nous lui donnerons aussi dans les propositions de Brahmegupta. Mais pour que
ces propositions aient un sens, il nous faut nécessairement supposer que le *trapèze* a ses
diagonales à angle droit. Dans deux propositions seulement cette restriction n'est pas
nécessaire ; il y a lieu de croire cependant qu'elle entrait dans l'esprit de Brahmegupta.
Cette première condition dans la construction du trapèze n'est pas la seule que l'auteur
hindou ait dû observer. Nous avons reconnu qu'en outre, ce trapèze doit être *inscriptible
au cercle*. Aucune de ces deux conditions ne se trouve indiquée, ni dans le texte de
Brahmegupta, ni dans les notes du scoliaste Chaturveda. Le mot trapèze n'est employé que
deux fois par Bhascara, et nous voyons que, dans les deux cas, l'auteur l'applique à
un quadrilatère construit d'une manière particulière, et qui a ses diagonales rectangulaires.

Nous emploierons le mot trapèze dans ce sens, à défaut d'un autre mot, voulant conserver une expression abréviative, qui contribuera à faire ressortir le caractère propre des
propositions de l'auteur hindou.

La signification que nous venons d'attribuer au mot trapèze suffit déjà, avec la condition que cette figure est inscriptible au cercle, pour donner un sens à plusieurs de ces
propositions, mais non pas à toutes; et dans plusieurs autres, il faut admettre pareillement, quoiqu'elles ne concernent pas le trapèze, qu'il s'agit encore du quadrilatère
inscriptible. Dans celles-ci le quadrilatère a deux côtés opposés égaux entre eux, ou bien
trois côtés égaux.

Ces premières suppositions suffisent pour effectuer la construction des figures sur
lesquelles roulent les propositions de Brahmegupta; mais cela n'est pas assez; il faut
encore suppléer au silence de l'auteur, et découvrir quelles sont les propriétés dont ces
figures, ainsi construites, jouiront; propriétés qui ont fait le véritable objet de l'ouvrage.
Cette question se présentera également pour d'autres propositions relatives au triangle ,
où les conditions particulières de construction de cette figure sont bien indiquées, mais
où il n'est rien dit des propriétés dont elle jouira.

D'après cela, voici le résumé des propositions que nous trouvons dans l'ouvrage de
Brahmegupta. Nous les présentons en donnant à celles dont l'énoncé était incomplet et
inintelligible, le sens et l'interprétation dont nous venons de parler. Nous les plaçons par

Latins (*voir* Boëce, Cassiodore). Au moyen âge, Campanus et Vincent de Beauvais lui ont donné celui de
tétragone long; qu'il a conservé à la renaissance, dans les ouvrages de Zamberti, de Tartalea, etc. Ensuite
quelques auteurs l'ont appelé *oblong* (*voir* Alstedius; *Encyclopædia universa*, lib. XV). Enfin *il a pris en
France le nom de *rectangle* (Mersenne, *De la vérité des sciences*, p. 815) qu'il a conservé. En Angleterre il
s'appelle toujours *oblong*.

Vincent de Beauvais, écrivain du XIIIe siècle, auteur d'une encyclopédie intitulée *Speculum mundi*, où se
trouve réunie, avec un immense savoir, une foule de documens précieux pour l'histoire, appelait *climiam*
le rhombe des Grecs, qui est notre losange ; *simile climiam* le rhomboïde, ou parallélogramme; et *climinaria*
tous les quadrilatères *irréguliers*, c'est-à-dire les trapèzes des Grecs.

Campanus, écrivain du même temps, à qui l'on doit en Europe la première traduction d'Euclide, qu'il
avait faite sur un texte arabe, a appelé le rhombe *helmuayn;* le parallélogramme, *similis helmuayn;* et le
trapèze d'Euclide, *helmuaripha.* Ces noms étaient employés à la renaissance; on les trouve dans la Géométrie
pratique de Bradwardin, et dans les ouvrages de Lucas de Burgo et de Tartalea.

groupes, sans observer l'ordre qu'elles ont dans l'ouvrage indien ; mais, au moyen des numéros de leurs paragraphes, on pourra rétablir cet ordre.

1° Quatre propositions sur le triangle, qui sont :

Première ; le carré de l'hypoténuse, dans le triangle rectangle ; § 24.

Deuxième ; la manière de calculer la perpendiculaire en fonction des côtés ; § 22.

Troisième ; l'aire du triangle en fonction des trois côtés ; § 21.

Quatrième ; une expression du diamètre du cercle circonscrit au triangle ; § 27.

Ces propositions, les deux premières du moins, doivent être considérées comme des lemmes, utiles pour la suite.

2° Trois propositions qui ont pour objet de construire un triangle dont les *côtés et la perpendiculaire*, et conséquemment l'aire et le diamètre du cercle circonscrit, soient des nombres rationnels :

Première ; triangle rectangle ; § 35.

Deuxième ; triangle isocèle ; § 33.

Troisième ; triangle scalène ; § 34.

3° Neuf propositions sur le tétragone inscriptible au cercle, qui sont :

Première ; l'aire du quadrilatère en fonction des quatre côtés ; § 21.

Deuxième ; l'expression de ses diagonales ; § 28.

Troisième ; la manière de calculer le diamètre du cercle circonscrit, en fonction des côtés ; et une expression particulière de ce diamètre pour le *trapèze* (tétragone qui a ses diagonales rectangulaires) ; § 26.

Quatrième ; une expression particulière de la diagonale et de la perpendiculaire, dans un tétragone inscrit dont les flancs sont égaux ; § 23.

Cinquième ; manière de calculer les segmens que les diagonales et les perpendiculaires font les unes sur les autres, dans un tétragone inscrit dont les flancs sont égaux ; § 25.

Sixième ; manière de calculer les perpendiculaires et les segmens qu'elles font sur la base, dans le trapèze inscrit ; § 29.

Septième ; manière de calculer les segmens faits sur les diagonales par leur point d'intersection, dans le même quadrilatère ; § 30-31.

Huitième ; manière de calculer la perpendiculaire menée du point d'intersection des diagonales sur un côté, et le prolongement de cette perpendiculaire jusqu'au côté opposé ; § 30-31.

Neuvième ; manière de calculer les segmens que les perpendiculaires font sur les diagonales et sur les côtés, et ceux que les côtés opposés font sur eux-mêmes ; § 32.

4° Quatre propositions sur la manière de construire un quadrilatère inscriptible dans le cercle, dont les côtés, les diagonales, les perpendiculaires, les segmens que ces lignes font les unes sur les autres, l'aire du quadrilatère et le diamètre du cercle circonscrit, soient des nombres rationnels :

Première ; construction d'un rectangle ; § 35.

Deuxième ; construction d'un quadrilatère dont deux côtés opposés doivent être égaux ; § 36.

Troisième ; construction d'un quadrilatère ayant trois côtés égaux ; § 37.

Quatrième ; construction d'un quadrilatère ayant ses quatre côtés inégaux ; § 38. Le quadrilatère construit est un trapèze ; c'est-à-dire qu'il a ses deux diagonales rectangulaires.

Telles sont, suivant la signification que nous avons cru pouvoir leur donner, les propositions comprises dans les dix-huit premiers paragraphes de l'ouvrage de Brahmegupta, qui nous ont paru se rapporter à la théorie du quadrilatère inscriptible au cercle, et résoudre la question de construire un tel quadrilatère dont toutes les parties fussent rationnelles.

Le mot *cercle* n'est prononcé que dans deux propositions, celles des §§ 26 et 27, où il s'agit de trouver le rayon du cercle circonscrit à un triangle ou à un quadrilatère ; et le mot *rationnel* n'est jamais prononcé. Un quadrilatère n'est défini que par l'expression des longueurs de ses côtés, sans qu'il soit rien dit des autres conditions de construction que nous avons supposé être l'inscriptibilité au cercle, ni des propriétés dont jouira le quadrilatère, qui consistent en ce que toutes ses parties soient exprimées en nombres rationnels.

5° Cinq propositions, qui viennent à la suite des dix-huit premiers paragraphes, sont étrangères à la question du quadrilatère inscriptible.

La première concerne le triangle rectangle. Sous un énoncé très-différent, cette proposition se réduit à ceci : *Trouver sur le prolongement au delà de l'hypoténuse de chaque côté de l'angle droit d'un triangle, un point dont les distances aux deux extrémités de l'hypoténuse fassent une somme égale à celle des deux côtés de l'angle droit* ; § 39.

Les quatre suivantes sont relatives au cercle :

Première. Expression de la circonférence et de l'aire du cercle en fonction du diamètre.

Soit D le diamètre, R le rayon ;

« Dans la pratique on prend circonférence $= 3\,D$, et surface $= 3\,R^2$.

» Pour avoir les valeurs vraies (*the neat values*), on prend circonférence $= \sqrt{10.D^2}$, et surface $= \sqrt{10.R^4}$ » ; § 40.

Deuxième. « Dans un cercle, 1° la demi-corde est égale à la racine carrée du produit des deux segmens du diamètre perpendiculaire ; 2° le carré de la corde, divisé par quatre fois l'un des segmens, plus ce même segment, est égal au diamètre. » § 41.

Brahmegupta appelle le plus petit segment la *flèche*.

Quand deux cercles se rencontrent, ils ont une corde commune. La droite formée des deux flèches correspondantes à cette corde, dans les deux cercles, s'appelle l'*érosion*.

Troisième. « La flèche est égale à la moitié de la différence du diamètre et de la racine carrée de la différence des carrés du diamètre et de la corde ;

» L'érosion étant soustraite des deux diamètres, les restes multipliés par les deux diamètres, et divisés par la somme de ces restes, donnent les deux flèches. » § 42.

Quatrième. § 43. Cette proposition est la même que la seconde partie du § 41.

Telles sont les vingt-trois propositions qui composent la section IV.

La section V est intitulée *Excavations*. Elle donne la mesure d'un prisme, et d'une pyramide, et une méthode pour mesurer approximativement, dans la pratique, un corps irrégulier.

Dans les sections VI, VII et VIII, intitulées *Stacks*, *Saw* et *Mounds of grain*, l'auteur donne des règles approximatives pour mesurer des *piles de briques*, des *pièces de bois* et des *tas de grains*.

La section IX est intitulée *Mesure par le gnomon*.

L'auteur suppose une lumière placée sur un pied vertical, et un gnomon, qui est un style placé aussi verticalement. Il résout ces deux questions :

1°. *Connaissant la hauteur de la lumière, celle du gnomon, et la distance entre le pied de la lumière et celui du gnomon, trouver l'ombre projetée par le gnomon ;* § 53.

2° *Trouver la hauteur de la lumière, en connaissant les ombres portées par le gnomon placé dans deux positions différentes ;* § 54.

Telles sont les propositions qui composent la partie géométrique de l'ouvrage de Brahmegupta.

Avant de nous livrer à l'examen de celui de Bhascara, nous allons faire quelques observations sur plusieurs de ces propositions.

La règle pour la construction d'un triangle rectangle en nombres rationnels, s'exprime algébriquement ainsi :

Soit a un côté du triangle, et b une quantité quelconque, le second côté sera :

$$\frac{1}{2}\left(\frac{a^2}{b} - b\right), \qquad \text{et l'hypoténuse } \frac{1}{2}\left(\frac{a^2}{b} + b\right).$$

Cette règle repose sur l'identité

$$\frac{1}{4}\left(\frac{a^2}{b} + b\right)^2 = \frac{1}{4}\left(\frac{a^2}{b} - b\right)^2 + a^2.$$

Brahmegupta ne prononce pas, dans son énoncé, le mot *rationnel ;* mais on trouve la même règle au § 38 de son Algèbre, et il l'intitule : *Règle pour la construction d'un triangle rectangle en nombres rationnels.*

Bhascara donne la même proposition, dans la partie géométrique du Lilavati, § 140, et il ajoute que les côtés seront *rationnels.*

Cette règle, pour la construction du triangle, est, comme on voit, une généralisation des deux règles que Proclus, dans son *Commentaire sur la quarante-septième proposition du premier livre d'Euclide*, attribue à Pythagore et à Platon, pour former un triangle rectangle en nombres entiers, un côté étant donné en nombre impair ou pair.

Ces deux règles des géomètres grecs, sont exprimées par les deux formules :

$$\left(\frac{a^2+1}{2}\right)^2 = \left(\frac{a^2-1}{2}\right)^2 + a^2,$$

$$\left[\left(\frac{a}{2}\right)^2 + 1\right]^2 = \left[\left(\frac{a}{2}\right)^2 - 1\right]^2 + a^2, {}^1$$

qu'on obtient en faisant successivement dans celle de Brahmegupta, $b = 1$ et $b = 2$.

La formule de Brahmegupta peut prendre la forme :

$$(a^2 + b^2)^2 = (a^2 - b^2)^2 + 4a^2b^2.$$

Cette formule a été très-usitée chez les géomètres modernes, où elle est le fondement de leurs méthodes pour la résolution des équations indéterminées du second degré. Brahmegupta s'en sert pour la construction du triangle isocèle dont les côtés et la perpendiculaire sont des nombres rationnels. Voici sa règle :

a et b *étant deux nombres quelconques*, (a² + b²) *sera l'expression des deux côtés égaux du triangle, et* 2 (a² — b²) *sera la base : la perpendiculaire sera* 2 ab; § 33.

Pour former un triangle scalène dont les côtés et la perpendiculaire soient des nombres rationnels, on aperçoit dans la règle algébrique de Brahmegupta, § 34, qu'il construit deux triangles rectangles en nombres rationnels, ayant un côté commun. Ce côté est la perpendiculaire du triangle scalène formé avec les autres côtés.

Plusieurs géomètres modernes ont résolu de cette manière la même question (*voir* les Commentaires de Bachet de Méziriac sur le VI° livre des *Questions arithmétiques* de Diophante, et les *Sectiones triginta miscellaneæ* de Schooten, p. 429).

Nous avons reconnu que les deux propositions sur le triangle isocèle, et scalène sont utiles pour la construction que Brahmegupta donne, sous les § 36 et 37, pour le tétragone inscriptible au cercle, ayant deux ou trois côtés égaux.

La formule

$$(a^2 + b^2)^2 = (a^2 - b^2)^2 + 4a^2b^2,$$

qui a servi à Brahmegupta pour construire en nombre rationnels un triangle rectangle, quand un côté est donné, peut servir aussi pour le cas où l'hypoténuse est donnée, car soit c cette hypoténuse; faisons $b = 1$ *dans la formule, et multiplions ses deux mem-*

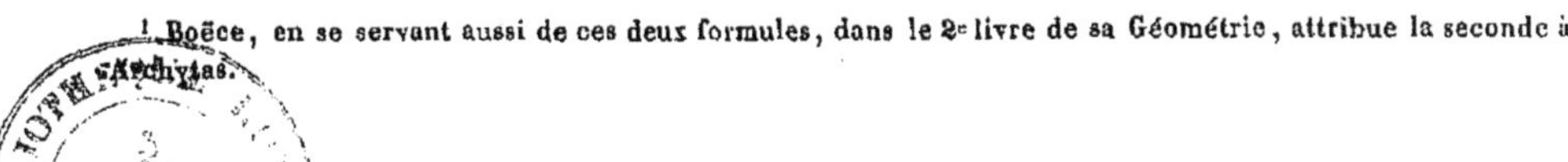

___
¹ Boëce, en se servant aussi de ces deux formules, dans le 2ᵉ livre de sa Géométrie, attribue la seconde à Archytas.

bres par $\dfrac{c^2}{(a^2+1)^2}$; elle deviendra

$$c' = \frac{4a^2 c}{(a^2+1)^2} + \frac{c^2(a^2-1)^2}{(a^2+1)^2} ;$$

ce qui fait voir que les deux côtés du triangle seront de la forme

$$\frac{2ac}{a^2+1}, \quad \text{et} \quad \frac{c(a^2-1)}{(a^2+1)},$$

a étant un nombre arbitraire.

Bhascara a donné cette formule. Elle ne se trouve point dans l'ouvrage de Brahmegupta, parce qu'elle est inutile pour la solution de la question du quadrilatère inscrit, sur laquelle roulent toutes ses propositions.

Les § 26 et 27 sont les seuls où Brahmegupta ait fait mention du cercle circonscrit à la figure. Aucune condition semblable n'est indiquée dans aucune des autres propositions qui nous ont paru se rapporter au quadrilatère inscriptible au cercle.

Le § 27, qui donne la manière de calculer le diamètre du cercle circonscrit à un triangle, exprime la formule connue, « le produit de deux côtés d'un triangle divisé par la perpen- » diculaire abaissée sur le troisième côté, est le diamètre du cercle circonscrit. »

La manière de calculer le diamètre du cercle circonscrit au tétragone est la même; on considère le triangle formé par deux côtés contigus et une diagonale. L'expression des diagonales se trouve dans le § 28.

Pour le tétragone qui a ses deux diagonales rectangulaires, *le diamètre est égal à la racine carrée de la somme des carrés de deux côtés opposés.*

Cette proposition repose sur la propriété connue des cordes qui se coupent à angle droit dans le cercle, savoir que : *La somme des carrés des quatre segmens faits sur les deux cordes, par leur point d'intersection, est égale au carré du diamètre du cercle.* Propriété qui est la XIe proposition du traité d'Archimède qui porte le titre de *Lemmes.*

Le § 21, qui donne l'aire du triangle et du quadrilatère en fonction des côtés, nous paraît mériter une attention particulière, de la part surtout des personnes qui aiment à rechercher les documens historiques que peuvent présenter les annales des sciences.

Ce paragraphe se compose de deux parties, dont la première nous paraît susceptible de deux interprétations différentes. Si nous suivons textuellement son énoncé, elle exprime, en quelque sorte, une proposition négative; elle dit que telle règle, pour le calcul de l'aire d'un triangle et d'un tétragone, est fausse. Au contraire, en faisant un léger changement au texte, nous en tirons une règle exacte pour le calcul du *trapèze* qui joue le rôle principal dans l'ouvrage de Brahmegupta.

Première interprétation.

1° *Le produit des demi-sommes des côtés opposés donne une aire inexacte du triangle et du tétragone ;*

2° *La demi-somme des côtés est écrite quatre fois ; on en retranche successivement les côtés ; on fait le produit des restes ; la racine carrée de ce produit est l'aire exacte de la figure* [1].

Quoiqu'il ne soit aucunement fait mention de la condition d'inscriptibilité au cercle, pour le tétragone, on ne peut douter qu'il ne s'agisse d'une telle figure dans la seconde partie de la proposition; car on y reconnaît la règle élégante qui sert pour le calcul de l'aire du tétragone inscrit, en fonction des quatre côtés. Cette règle comprend celle du triangle. Il suffit d'y supposer que l'un des côtés du tétragone est nul. C'est ainsi que l'a entendu Chaturveda qui, dans une note très-courte, dit que pour le cas du triangle on retranche les trois côtés, respectivement, de trois des quatre demi-sommes écrites, et que la quatrième reste telle qu'elle est.

Cette formule de l'aire du triangle en fonction des côtés, a été remarquée dans l'ouvrage de Brahmegupta, par les géomètres qui en ont rendu compte, et a été regardée comme en étant la proposition la plus considérable; et l'on n'a jamais cité, je crois, la formule de l'aire du quadrilatère. Celle-ci cependant méritait à tous égards la préférence; car, outre qu'elle est plus générale, plus difficile à démontrer, qu'elle suppose une Géométrie plus avancée, et, en un mot, qu'elle est d'une plus grande valeur scientifique, elle paraît, jusqu'ici appartenir en propre à l'auteur hindou; car on ne la trouve dans aucun ouvrage des Grecs, et il n'en est pas de même de la formule du triangle, comme nous le dirons plus loin.

Passons à la première partie de la proposition qui nous occupe, et qui énonce, comme inexacte, une règle qui l'est en effet, pour l'aire du triangle et d'un tétragone quelconque en fonction des côtés.

Dans une note, Chaturveda fait huit applications numériques de cette règle, aux trois triangles, équilatéral, isocèle et scalène, et au carré, au rectangle, au tétragone qui a ses deux bases parallèles et ses deux flancs égaux ; à celui qui a ses deux bases parallèles, et trois côtés égaux ; et enfin au trapèze.

Pour le triangle, il fait la demi-somme des deux côtés, et il la multiplie par la demi-base. Il trouve toujours une aire inexacte. Cela doit être, car la demi-somme des deux côtés ne peut jamais être égale à la perpendiculaire.

Pour le tétragone, il multiplie la demi-somme des deux bases, par la demi-somme des deux flancs. Il dit que le produit est l'aire exacte dans le cas du carré et du rectangle ; mais inexacte dans les trois autres cas.

Cette manière de calculer l'aire du tétragone était employée comme exacte, par les arpenteurs romains. On la trouve dans le recueil intitulé : *Rei agrariæ auctores legesque variæ* [2], et même dans la Géométrie de Boëce (II° livre; *De rhomboide rubrica*).

---

[1] Voici le texte de M. Colebrooke, qu'il faut avoir sous les yeux pour apprécier les deux interprétations dont il nous a paru susceptible : *The product of half the sides and countersides is the gross area of a triangle and tetragone. Half the sum of the sides set down four times, and severally lessened by the sides, being multiplied together, the square-root of the product is the exact area.*

[2] *Cura Wilelmi Goesii*. Amst. 1674, in-4°; *voir* p. 313.

La règle pour le triangle se rencontre aussi, du moins pour le triangle équilatéral, chez les *Gromatici Romani*. L'une et l'autre ont encore été pratiquées, comme bonnes, parmi nous, au moyen âge. Car nous les trouvons dans les œuvres de Bède, parmi ces questions d'arithmétique *ad acuendos juvenes* [1], qu'on a regardées comme le germe du livre si connu des *Récréations mathématiques* [2], et que le prince abbé de St.-Emeran a attribuées au célèbre Alcuin, le maître et l'ami de Charlemagne.

Ces deux règles, qui attestent que nous avons eu nos temps d'ignorance, auraient-elles pénétré dans l'Inde, où des géomètres, véritablement dignes de ce nom, les auraient reconnues fausses? Et la proposition de Brahmegupta aurait-elle été destinée à substituer à cette pratique ignorante une règle vraiment exacte et géométrique?

Il semble, du moins à raison de leur identité, que ces règles des occidentaux, et celles que l'auteur hindou énonce comme fausses, ont une même origine. Car il n'en est pas de l'erreur comme de la vérité. La vérité, en Géométrie, est la loi commune, elle est une, elle appartient à tous les temps, à toutes les intelligences qui savent la comprendre; et sa présence sur plusieurs points, chez plusieurs peuples, n'est pas une preuve de communications entre eux. Mais quant à l'erreur, ses formes n'ont pas de loi; elles sont diverses, innombrables; et la conformité, dans ce cas, dénote une origine commune.

Cette circonstance offre peut-être quelque intérêt, comme fait historique attestant des communications scientifiques dans un temps éloigné, et prouvant du reste la haute supériorité des Hindous d'alors sur les occidentaux contemporains.

Deuxième interprétation de la proposition.

Dans notre deuxième manière d'interpréter la proposition, nous changeons quelques mots du texte, et nous lui faisons dire :

1° *Dans le trapèze l'aire est égale à la demi-somme des produits des côtés opposés ;*

2° *Pour le triangle et le tétragone, la demi-somme des côtés est écrite quatre fois ; on en retranche séparément les côtés ; on fait le produit des restes ; la racine carrée de ce produit est l'aire de la figure* [3].

---

[1] *Venerabilis Bedæ opera ;* 4 tom. in-fol.; Cologne, 1612 ; t. I, colonnes 104 et 109. *De campo quadrangulo ;* un quadrangle a sa base égale à 34, le côté opposé égal à 32 et ses deux flancs égaux à 30 et à 32; son aire est

$$\left(\frac{34+32}{2}\right) \times \left(\frac{30+32}{2}\right) = 31 \times 33 = 1023.$$

De campo triangulo ; un triangle a ses flancs égaux à 30, et sa base égale à 18, son aire est

$$\frac{30+30}{2} \times \frac{18}{2} = 30 \times 9 = 270.$$

Ces règles fausses sont encore appliquées dans les questions intitulées : *De civitate quadrangulá ; De civitate triangulá.*

[2] Montucla ; *Histoire des mathématiques*, tom. Ier, pag. 498.

[3] Voici quel pourrait être l'énoncé qui répondrait à cette interprétation ; on verra quels légers changemens il suffirait de faire au texte anglais pour l'obtenir : *Half the sum of the products of the sides and countersides is the area of a trapezium. In a triangle and tetragone half the sum of the sides set down four times, and severally lessened by the sides, being multiplied together, the square-root of the product is the area.*

Il est toujours question, bien entendu, du trapèze et du tétragone inscriptibles au cercle.

Pour obtenir cet énoncé, il suffit de supprimer le mot *inexact (gross)*, de remplacer *tétragone* par *trapèze*, et de faire passer le mot triangle dans la seconde phrase, en y introduisant celui de *tétragone*. Cette seconde phrase conserve sa signification primitive; et la première prend un sens clair, et devient une proposition assez belle qui, peut-être, n'avait point encore été remarquée. Sa démonstration est facile, car les deux diagonales étant à angle droit, il est évident que l'aire du trapèze est égale à la moitié du produit de l'une par l'autre. Mais ce produit, suivant le théorème de Ptolémée sur le quadrilatère inscrit, *dont Brahmegupta s'est évidemment servi dans la proposition du § 28* [1], est égal à la somme des produits des côtés opposés. Donc la moitié de cette somme est l'aire du trapèze.

On n'avait cité, jusqu'ici, du § 21, que la partie relative à la formule de l'aire du triangle en fonction des trois côtés : et l'on n'avait point fait attention à la formule de l'aire du quadrilatère inscrit au cercle, qui aurait mérité à tous égards *la préférence sur la première*; ni à cette proposition, qui déclare *inexactes* des règles identiques à celles qui ont été pratiquées par les Latins, puis parmi nous dans le moyen âge.

La formule de l'aire du triangle avait fait d'autant plus de sensation dans l'ouvrage de Brahmegupta, qu'on ignorait généralement qu'elle eût été connue dans l'antiquité, particulièrement des Grecs. Montucla, qui l'avait attribuée d'abord à Tartalea, n'en avait fait, ensuite, remonter l'origine qu'à Héron le jeune, écrivain du VIIe siècle. Aussi M. Delambre, en rendant compte de l'ouvrage de Brahmegupta, dans le discours qui précède son *Histoire de l'astronomie au moyen âge,* n'a trouvé d'autre objection à faire, dans l'intérêt des Grecs, contre cette formule du géomètre indien, si ce n'est que *ce théorème très-curieux n'est que d'une utilité fort médiocre en astronomie*. Mais nous devons convenir ici que ce théorème, qui est resté inaperçu dans l'histoire de l'école d'Alexandrie, y a été connu. On le trouve démontré dans un traité de géodésie de Héron l'ancien (deux siècles avant l'ère chrétienne), intitulé la *Dioptre*, ou le *Niveau*, que M. Venturi de Bologne, a traduit, il y a une vingtaine d'années, sous le titre *il Traguardo*, dans son histoire de l'optique [2]. M. Venturi a encore trouvé ce théorème, sans démonstration, dans un fragment de Géométrie d'un auteur latin qui lui a paru être antérieur à Boëce. Nous l'avons vu aussi dans un manuscrit du XIe siècle que possède la bibliothèque de Chartres. Il y fait partie d'un traité de la mesure des figures, que nous croyons être le même écrit que cite M. Venturi; et que nous serions porté à attribuer à Frontinus. Ainsi la priorité. quant à la formule de l'aire du triangle, ne peut appartenir à Brahmegupta. Mais ce géomètre peut la céder, sans rien perdre de l'estime qu'elle avait fait accorder à son ouvrage, puisque nous y trouvons la formule, beaucoup plus importante, de l'aire du

---

[1] *Nous n'entendons pas dire que Brahmegupta a emprunté ce théorème de l'Almageste de Ptolémée; mais qu'il l'a connu, et qu'il s'en est servi pour parvenir à l'expression des diagonales du quadrilatère inscrit. qu'il donne dans le § 28.*

[2] *Commentari sopra la storia e le teorie dell' ottica.* Bologna, 1814, in-4°, p. 77-147.

quadrilatère inscrit, en fonction des côtés, qui lui appartient incontestablement, comme ne s'étant trouvée dans aucun ouvrage antérieur.

Celle-ci avait paru jusqu'ici appartenir aux Modernes. Snellius l'énonce comme étant de lui, dans son commentaire sur la première proposition du livre *De problematibus miscellaneis* de Ludolph Van Ceulen [1]. Mais nous avons quelque raison de croire qu'elle avait déjà été trouvée quelques années auparavant [2]. Sa démonstration géométrique n'était pas sans difficulté, au dire même d'Euler, qui en a donné une dans les mémoires de Pétersbourg [3], trouvant très-embrouillées les deux que Philippe Naudé avait données précédemment dans les mémoires de Berlin [4]. Cette proposition se trouve dans peu d'ouvrages, quoique souvent, dans le XVIe siècle et depuis, on se soit occupé du quadrilatère inscrit, ainsi que nous le dirons plus loin.

Quant à la formule de l'aire du triangle, on la rencontre partout, chez tous les peuples et dans tous les temps. Les Arabes l'ont connue, et c'est d'eux que nous est venue la première démonstration que nous en ayons eue en Europe. On la trouve dans un ouvrage de Géométrie des trois fils de Musa ben Schaker, traduit de l'arabe en latin, sous le titre *Verba filiorum Moysi, filii Schaker, Mahumeti, Hameti, Hasen* [5]. Elle y est démontrée d'une manière géométrique différente de celle de Héron d'Alexandrie; ce qui nous fait supposer que les Arabes l'avaient reçue des Indiens; d'autant plus que les trois fils de Musa ben Schaker disent, dans leur ouvrage, que cette formule a été employée par beaucoup d'écrivains, sans démonstration; et que d'ailleurs on sait que ces trois célèbres géomètres avaient puisé une partie de leurs connaissances mathématiques dans les ouvrages indiens [6]. M. Libri a remarqué la formule en question dans un traité géométrique du juif Savosarda, écrit vers le XIIe siècle [7]. Elle se trouve ensuite dans la *Pratique de la Géométrie*, de Léonard de Pise, où elle est démontrée à la manière des trois frères arabes.

---

[1] Après avoir dit qu'auparavant on calculait séparément les aires des deux triangles dont se compose le quadrilatère, Snellius ajoute : *Quantò operosior est hæc vulgata ad instigandam aream via, tantò gratius novum hoc nostrum theorematio benevolo lectori futurum speramus.*

[2] Prætorius, dans un ouvrage sur le quadrilatère inscrit au cercle, qui porte la date de 1598, et dont nous parlerons plus loin, dit que l'on a déjà cherché le diamètre du cercle circonscrit au quadrilatère, en fonction des côtés, et *l'aire* du quadrilatère.

[3] *Novi commentarii*, t. Ier, ann. 1747 et 1748. *Variæ demonstrationes geometriæ.* « La démonstration analytique de cette formule n'est pas difficile; mais ceux qui ont cherché à en donner une démonstration géométrique ont trouvé de très-grandes difficultés. »

Les *Nova acta* de Pétersbourg, t. X, ann. 1792, contiennent une autre démonstration par N. Fuss.

[4] *Miscellanea Berolinensia*, t. III, ann. 1723.

[5] Cet ouvrage n'existe qu'en manuscrit. La bibliothèque royale de Paris en possède un exemplaire qui est joint à un grand nombre d'autres pièces scientifiques intéressantes, traduites de l'arabe et réunies sous le titre *Mathematica.* (Supplément latin, n° 49, in-fol. Voir l'*Histoire des sciences mathématiques en Italie*, de M. Libri. T Ier, p. 266).

L'académie de Bâle en possède aussi un manuscrit, sous le titre *Liber trium fratrum de Geometriâ.*

[6] Casiri, BIBLIOTHECA ARABICO-HISPANA Escurialensis, etc. *Mohammed ben Musa Indorum in præclarissimis inventis ingenium et acumen ostendit.* (T. Ier, p 427.) On lit encore dans la table de l'ouvrage : *Librum artis Logisticæ à Khata Indo editum exornavit.* (*Mohammed ben Musa.*)

[7] *Histoire des sciences mathématiques en Italie*, p. 160.

Il paraît qu'on l'a trouvée aussi, avec la même démonstration, dans quelque écrit de Jordan Nemorarius, postérieur de quelques années à Léonard de Pise. A la renaissance, cette formule a paru dans presque tous les ouvrages de Géométrie. Reisch l'a donnée dans la *Margarita philosophica*, en 1486. Nous avons de fortes raisons de croire qu'il l'avait empruntée de l'auteur latin dont nous avons parlé plus haut. On la trouve ensuite, avec la démonstration de Léonard de Pise, dans la partie géométrique de la *Summa de arithmetica, Geometria, etc.*, de Lucas de Burgo (*Distinctio prima, capitulum octavum,* f° 12); et dans la troisième partie du *Traité général des nombres et des mesures*, de Tartalea. Cardan l'a insérée, sans démonstration, dans sa *Practica arithmetice*[1]; et Oronce Finée dans sa Géométrie, liv. II, chap. 4. Ramus, dans ses *Scholæ mathematicæ*, a rapporté la démonstration de Jordan et de Tartalea, en critiquant leur manière d'énoncer la formule, et leur reprochant de dire que l'aire du triangle est la racine carrée du produit de quatre lignes; locution inusitée dans la Géométrie des Grecs, où le produit de deux ou de trois lignes avait une signification géométrique, mais non le produit de quatre lignes. Snellius, en reproduisant cette critique de Ramus, dans ses notes sur les ouvrages de Ludolph Van Ceulen[2], a énoncé la règle à la manière des Grecs, en disant que l'aire du triangle est égale à celle d'un rectangle dont un côté est moyen proportionnel entre deux des quatre facteurs qui entrent dans l'expression algébrique, et dont l'autre côté est moyen proportionnel entre les deux autres facteurs. Millet Dechales s'est conformé aussi à ce style rigoureusement géométrique des Grecs[3].

La formule en question se trouve dans une infinité d'autres ouvrages, qu'il est inutile de citer ici. Presque tous se servent de la démonstration de Lucas de Burgo, laquelle est celle des Arabes, qui nous a été apportée par Fibonacci. Quelques-unes cependant sont différentes : telles sont celles de Newton[4], d'Euler[5], de Boscovich[6]. Celles-ci doivent le degré de simplicité qui les distingue à la connaissance *à priori* de la formule dont il s'agit de trouver une expression géométrique. Celle de Héron et celle des Arabes ont le mérite d'être naturelles, et de porter le cachet de l'invention. Mais probablement la voie algébrique, qui fait usage de l'expression de la perpendiculaire, est celle qui aura procuré originairement la découverte de cette formule; particulièrement chez les Indiens; car ce genre de démonstration est tout-à-fait dans l'esprit de leurs spéculations mathématiques, qui reposent sur l'alliance de l'algèbre et de la Géométrie.

Nous terminerons nos observations sur cette formule par une remarque sur les trois nombres 13, 14 et 15, que les Indiens ont pris dans l'application numérique qu'ils en ont faite. Ces nombres sont très-remarquables, en ce qu'ils paraissent inséparables de la formule. Ce sont, non-seulement ceux des Indiens à plusieurs siècles d'intervalle.

---

[1] Cap. 63. *De monsuris superficierum ;* art. 4.

[2] *De figurarum transmutatione et sectione* ; Problema 35, p. 73.

[3] *Cursus mathematicus.* 1690, in-fol., t. Ier. *Trigonometriæ liber tertius*, prop. X.

[4] *Arithmétique universelle* ; t. Ier, problème XI

[5] *Novi Commentarii* de Pétersbourg; t. Ier, ann. 1747 et 1748

[6] *Opera*, etc.; t. V, opus 14.

mais aussi ceux de Héron d'Alexandrie, de Héron le jeune [1], des trois frères arabes, Mohammed, Hamet et Hasen; ceux de Léonard de Pise, de Jordan, de Lucas de Burgo, de Georges Valla [2], de Tartalea, et de presque tous les écrivains qui ont reproduit la formule. Le morceau de Géométrie latin que nous avons cité, et la *Margarita philosophica*, sont peut-être les seuls ouvrages qui ne s'en soient pas servis, ayant pris, pour application numérique de la formule, un triangle rectangle; mais ces ouvrages emploient les trois mêmes nombres dans d'autres passages, pour calculer l'aire d'un triangle en cherchant la valeur de la perpendiculaire. Pour la même question, traitée dans l'algèbre de Mohammed ben Musa (l'un des trois frères arabes cités ci-dessus), on trouve pareillement ces trois nombres [3].

C'est une circonstance assez intéressante aux yeux de l'historien, que partout se retrouve l'usage de la formule en question, et surtout des trois nombres 13, 14 et 15, employés dans les ouvrages les plus anciens, et chez tous les peuples, disons-nous; chez les Grecs, presque à l'origine comme au déclin de l'école d'Alexandrie ; dans les Indes, chez les Latins, chez les Arabes; et, dès la renaissance, dans toutes les parties de l'Europe où les sciences sont cultivées.

L'usage général de ces trois nombres semble dire qu'ils ont eu une origine commune. Telle avait été d'abord notre pensée, et nous avions regardé ces trois nombres comme une circonstance heureuse, propre à répandre quelque jour sur la question concernant la nature et l'étendue des communications scientifiques qui ont eu lieu dans des temps reculés entre l'Inde et la Grèce. Mais nous n'avons pas tardé à reconnaître que ces nombres n'offraient probablement pas les secours historiques que nous avions espérés d'abord. En effet, on aura cherché naturellement, pour application numérique de l'expression de l'aire d'un triangle, soit par la formule en question, soit par le calcul de la perpendiculaire, trois nombres pour lesquels cette aire, et conséquemment cette perpendiculaire, fussent exprimées en nombres rationnels. La solution de cette question n'offre pas de difficulté. Elle se réduit à construire deux triangles rectangles en nombres rationnels, ayant un côté commun. C'est ainsi que Brahmegupta a fait, comme nous l'avons dit au sujet de son § 34. Et il est à remarquer que la manière de construire un triangle rectangle en nombres rationnels et entiers était connue des Grecs et des Latins, qui se servaient des deux formules imaginées, l'une par Pythagore, et l'autre par Archytas ou Platon.

Maintenant, parmi tous les sytèmes de deux triangles rectangles exprimés en nombres rationnels entiers, et ayant un côté commun, on aura pris celui où ces nombres sont les

---

[1] Voir son *Traité de Géodésie*, manuscrit qui se trouve à la bibliothèque royale, sous le n° 2013.

Barocci a donné une traduction, accompagnée de commentaires, du Traité de Géodésie de Héron le jeune et de son livre sur les machines de guerre, sous le titre : *Heronis mechanici liber de Machinis bellicis, necnon liber de geodæsiâ;* in-4°, Venetiis, 1572. Mais le manuscrit dont il s'est servi était incomplet, et la formule de l'aire du triangle ne s'y trouve pas.

[2] *Georgii Vallæ Placentini viri Clariss. De expetendis et fugiendis rebus opus*, etc.; 2 vol. in-fol., Venise, 1501. Liber XIV, et *Geometriæ* V.; cap. VII, *Dimensio universalis in omni triangulo.*

[3] *The Algebra of Mohammed ben Musa, edited and translated by F. Rosen.* London, 1831, in-8°, p. 82 du texte anglais, et p. 61 du texte arabe.

plus petits; ce sont ceux qui ont pour côtés, le premier 5, 12, 13, et le second 9, 12, 15.

Plaçant ces deux *triangles* de manière que leurs deux côtés égaux se confondent et que les autres côtés des angles droits soient dans le prolongement l'un de l'autre, on forme le triangle scalène qui a sa base égale à 14, et ses deux autres côtés égaux à 13 et 15. C'est ainsi que différens géomètres, chacun de son côté, *auront pu être conduits au triangle exprimé par les trois nombres 13, 14 et 15.* Cependant nous devons dire qu'avec les deux triangles rectangles dont nous nous sommes servi pour former celui-là, on en peut former un autre encore plus simple. Pour cela il faut superposer leurs deux côtés 9 et 5; il en résulte le triangle qui a pour base 4, et pour côtés 13 et 15. Sa hauteur est 12, *comme pour le premier.* Mais ce triangle est *obtusangle; sa perpendiculaire tombe en dehors de sa base;* et, bien que ce cas puisse se présenter aussi souvent que celui d'un triangle acutangle, on le regarde généralement comme étant moins propre à servir d'exemple. Ainsi, naturellement, on aura choisi le triangle dont les côtés sont 13, 14 et 15.

Ces considérations montrent que l'on ne doit pas conclure, de ce que les Indiens ont employé les trois nombres, 13, 14 et 15, de même que Héron l'ancien, dans leurs applications de la formule de l'aire du triangle, qu'ils ont reçu cette formule du géomètre d'Alexandrie. Mais l'eussent-ils reçue, les droits de Brahmegupta au titre de géomètre habile n'en recevraient aucune atteinte, puisque son *ouvrage contient une formule beaucoup plus importante et des questions plus difficiles,* dont nous ne trouvons pas de traces chez les Grecs.

Le § 28 de Brahmegupta donne les expressions des diagonales d'un quadrilatère inscrit au cercle, en fonction des côtés. Ce sont les formules connues. Elles résolvent le problème où il s'agit de *construire avec quatre côtés donnés, un quadrilatère inscriptible au cercle.* De sorte que le géomètre indien a connu la solution de ce problème. Cette circonstance n'est pas indifférente. Car ce problème, agité chez les Modernes, y a eu pendant un temps quelque célébrité; et tous n'y ont pas réussi.

Nous donnerons une courte notice des géomètres qui s'en sont occupés, dans nos observations sur le § 38, qui est une suite de ce premier problème.

Pour ne pas trop alonger cette Note, nous omettrons les observations auxquelles peuvent donner lieu les propositions des § 23, 25, 29, 30-31 et 32. *Nous dirons seulement que la seconde partie du § 30-31 énonce une proposition assez remarquable.* Brahmegupta montre comment on calculera la perpendiculaire abaissée du point d'intersection des deux diagonales du *trapèze* sur sa base, et donne (sans indiquer le moyen de la calculer), l'expression du prolongement de cette perpendiculaire, jusqu'à la base supérieure. De cette expression nous concluons immédiatement que *cette perpendiculaire passe par le point milieu de la base supérieure.* Proposition facile à démontrer, mais qui mérite d'être signalée dans l'ouvrage de Brahmegupta. Elle fait bien voir qu'il est question d'un quadrilatère qui satisfait aux deux conditions d'être inscriptible dans le cercle et d'avoir ses diagonales à angle droit.

Nous allons rapporter les énoncés des quatre propositions comprises sous les § 35,

36, 37 et 38, qui nous ont paru résoudre la question de construire un quadrilatère inscriptible dans le cercle, et dont toutes les parties fussent rationnelles.

§ 35. *Le côté est pris arbitrairement ; son carré est divisé par une quantité quelconque ; du quotient on retranche cette quantité ; la moitié du reste est la cathète de l'oblong ; et si l'on y ajoute la quantité, on aura la diagonale.*

Ainsi soit a le côté de l'oblong, b la quantité prise arbitrairement,

$$\tfrac{1}{2}\left(\frac{a^2}{b} - b\right)$$ sera la cathète, et $\tfrac{1}{2}\left(\dfrac{a^2}{b} - b\right) + b = \tfrac{1}{2}\left(\dfrac{a^2}{b} + b\right)$ sera la diagonale.

En effet on a

$$\tfrac{1}{4}\left(\frac{a^2}{b} + b\right)^2 = \tfrac{1}{4}\left(\frac{a^2}{b} - b\right)^2 + a^2.$$

D'après ce que nous avons déjà dit de cette formule, appliquée à la construction du triangle rectangle, on ne peut douter qu'il ne s'agisse ici de la construction d'un oblong dont les diagonales soient exprimées, comme les côtés, en nombres rationnels.

L'aire de l'oblong sera rationnelle aussi ; et il en sera de même du diamètre du cercle circonscrit à l'oblong, puisque ce diamètre est égal aux diagonales.

§ 36. *Que les diagonales d'un oblong soient les flancs d'un tétragone ; que le carré du côté de l'oblong soit divisé par une quantité prise arbitrairement, et que le quotient soit retranché de cette quantité ; le reste divisé par deux, augmenté de la cathète de l'oblong, sera la base, et diminué de la cathète sera la corauste.*

Soient a et b le côté et la cathète de l'oblong, et c une quantité prise arbitrairement. Les deux flancs du tétragone seront égaux aux diagonales de l'oblong ; sa base sera égale à

$$\tfrac{1}{2}\left(c - \frac{a^2}{c}\right) + b, \quad \text{et sa corauste à } \tfrac{1}{2}\left(c - \frac{a^2}{b}\right) - b.$$

§ 37. *Les trois côtés égaux d'un tétragone, qui a trois côtés égaux, ont pour valeur le carré de la diagonale d'un oblong. On trouve le quatrième côté en retranchant le carré de la cathète de trois fois le carré du côté de l'oblong.*

Si ce quatrième côté est le plus grand, il sera la base du tétragone, s'il est le plus petit il sera la corauste.

Ainsi soient a le côté de l'oblong, et b sa cathète ; $a^2 + b^2$ sera le carré de sa diagonale. Nous supposons qu'il est formé suivant la règle du § 35 ; de sorte que sa diagonale, $\sqrt{a^2 + b^2}$, sera un nombre rationnel.

On prendra $(a^2 + b^2)$ pour la valeur des trois côtés égaux du tétragone, et $(3a^2 - b^2)$ sera l'expression du quatrième côté.

§ 38. *Les côtés et les cathètes de deux triangles rectangles, multipliés réciproque-*

ment par les hypoténuses , sont les quatre côtés inégaux d'un trapèze. *Le plus grand est la base , le plus petit la corauste et les deux autres sont les flancs.*

Soient *a* , *b* , *c*, le côté, la cathéte, et l'hypoténuse du premier triangle, et *a'*, *b'*, *c'*, le côté, la cathéte et l'hypoténuse du second triangle [1]. Les quatre côtés du trapèze seront *ac'*, *bc'*, *a'c*, *b'c*.

L'ordre dans lequel ces côtés seront placés est indiqué par l'auteur, puisque les deux extrêmes seront les bases et les deux moyens les flancs.

Les propositions que présentent ces quatre paragraphes sont évidemment incomplètes, puisque chacune se réduit à donner une construction particulière des quatre côtés d'un tétragone. Or, d'une part, ces *côtés ne suffisent point,* excepté dans la première où il s'agit de l'oblong, pour la construction du tétragone ; et ensuite le tétragone étant construit, il n'est rien dit des propriétés dont il jouira, et qui ont dû faire l'objet de ces propositions. On doit donc penser que la construction des *côtés,* donnée par *Brahmegupta,* répond à une question qui avait été énoncée primitivement dans le titre de l'ouvrage et qui en a disparu dans quelqu'un des manuscrits qui se sont succédé. Il fallait retrouver quelle avait été cette question ; sans quoi l'on n'aurait point connu et l'on n'aurait su apprécier l'ouvrage de *Brahmegupta.* Le scoliaste Chaturveda, dans l'application numérique qu'il fait des quatre propositions, paraît avoir ignoré complétement leur destination ; et ne nous fournit aucune donnée ni aucune lumière à ce sujet.

Mais ayant reconnu qu'il est question, dans la plupart des autres propositions dont nous avons déjà parlé, du tétragone inscrit au cercle, nous avons pensé d'abord qu'il en était de même des quatre propositions dont il s'agit. Ensuite, la première de ces quatre propositions, exprimée algébriquement, *nous présentant la formule qui sert pour la* construction d'un rectangle dont les côtés et les diagonales soient des nombres rationnels, et celle-ci, d'ailleurs, faisant suite dans l'ouvrage aux deux propositions qui nous ont déjà paru avoir incontestablement pour objet, *de construire un triangle dans lequel* les perpendiculaires et conséquemment l'aire et le diamètre du cercle circonscrit, fussent exprimés en nombres rationnels, nous avons été conduit naturellement à supposer que c'était une question analogue que Brahmegupta avait résolue pour le tétragone inscrit.

En effet, en formant avec les quatre côtés dont l'expression est donnée par chacune des quatre propositions, un tétragone inscriptible au cercle, et en appliquant à cette figure les différentes formules que contiennent les autres paragraphes de l'ouvrage pour le calcul de l'aire du tétragone, de ses diagonales, de ses perpendiculaires, du diamètre du cercle circonscrit, et des segmens que différentes lignes font les unes sur les autres, nous avons trouvé que toutes ces formules donnent des expressions rationnelles. Nous avons dû en conclure que tel avait été l'objet des quatre propositions de *Brahmegupta.*

La proposition du § 38 nous donne lieu à plusieurs observations.

Les quatre côtés du tétragone ont pour expressions *ac'*, *bc'*, *a'c* et *b'c*. L'auteur a prescrit l'ordre dans lequel ils seront placés ; les deux extrêmes seront opposés. D'après cette

---

[1] Nous désignerons plus loin ces deux triangles sous le nom de triangles *générateurs.*

règle, on reconnaît aisément qu'ils proviendront de la multiplication des deux côtés d'un même triangle par l'hypoténuse de l'autre; et les deux moyens de la multiplication des deux côtés de celui-ci par, l'hypoténuse du 1er. Car la somme des carrés des deux côtés ac', bc', est égale à la somme des carrés des deux autres côtés $a'c$, $b'c$; cette somme étant $c'c''$. Ce qui prouve que si ac' est le plus grand côté, bc' sera le plus petit; conséquemment ac' et bc', qui proviennent de la multiplication des côtés d'un même triangle par l'hypoténuse de l'autre, seront opposés entre eux, dans la construction du tétragone.

Nous concluons de là que la somme des carrés des deux côtés opposés est égale à la somme des carrés des deux autres côtés; et le quadrilatère étant supposé inscriptible dans le cercle, il résulte de cette égalité des sommes des carrés des côtés opposés, que *les deux diagonales du quadrilatère sont à angle droit*. Ainsi il est démontré géométriquement que dans le § 38, le mot *trapèze* s'applique exclusivement au quadrilatère qui a ses diagonales à angle droit.

Soit ABCD le trapèze; on aura

$$AB = ac', \quad BC = a'c, \quad CD = bc', \quad \text{et } AD = b'c.$$

Les formules du § 28 donnent pour ses diagonales:

$$AC = ab' + ba', \quad BD = aa' + bb'.$$

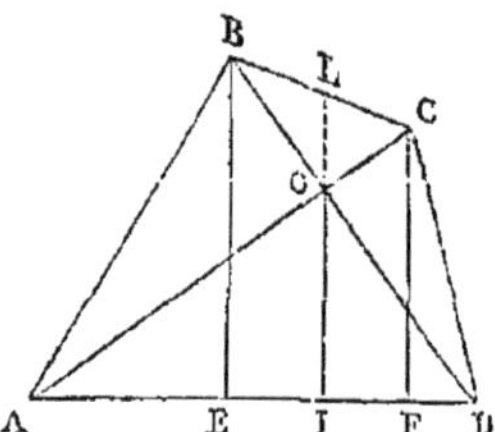

On peut calculer l'aire du trapèze par la formule du § 21; mais il est plus simple de remarquer que les diagonales étant à angle droit, cette aire est égale au demi-produit de ces deux lignes; ainsi son expression est $\frac{1}{2}(ab' + ba')(aa' + bb')$.

Le diamètre du cercle circonscrit est égal, suivant la seconde partie du § 26, à la racine carrée de la somme des carrés des deux côtés opposés, qui est ici:

$$\sqrt{a^2 c'^2 + b^2 c'^2} = c'\sqrt{a^2 + b^2} = cc'.$$

Les perpendiculaires BE, CF abaissées des deux sommets B, C, sur la base AD, calculées dans les deux triangles ABD, ACD, par la règle du § 22, ainsi qu'il est dit par Brahmegupta, au § 29, sont:

$$BE = \frac{a}{c}(aa' + bb'), \quad CF = \frac{b}{c}(ab' + ba').$$

Les segmens que ces perpendiculaires font sur la base AD , sont :

$$\text{AE} = \frac{a}{c}\,(ab' - ba'),\quad \text{DE} = \frac{b}{c}\,(aa' + bb').$$

$$\text{DF} = \frac{b}{c}\,(bb' - aa'),\quad \text{AF} = \frac{a}{c}\,(ab' + ba').$$

Les segmens faits sur les deux diagonales, à leur point d'intersection, calculées par la règle du § 30-31, sont :

$$\text{AO} = ab',\quad \text{CO} = a'b,\quad \text{BO} = aa',\quad \text{DO} = bb'.$$

La perpendiculaire OI, dans le triangle AOD , calculée, comme il est dit au § 30-31, (ou par une proposition résultante de la similitude des deux triangles EBD, IOD), est $\text{OI} = \frac{abb'}{c}$; et son prolongement OL, jusqu'à la base supérieure, est égal, suivant la règle du même paragraphe, à la demi-somme des deux perpendiculaires BE, CF, moins OI; d'où $\text{OL} = \frac{1}{2}\,a'c$.

Enfin nous n'avons pas besoin de donner les expressions des segmens faits sur les diagonales et les perpendiculaires, par leur intersection, non plus que sur les côtés opposés ; parce que tous ces segmens, *dans un quadrilatère quelconque, sont exprimés rationnellement en fonction des côtés*, des diagonales et des perpendiculaires.

Ainsi toutes les parties de la figure sont rationnelles.

Nous pouvons donc regarder la proposition du § 38 comme ayant eu pour objet de former un tétragone ayant ses quatre côtés inégaux, qui fût inscriptible au cercle, et dans lequel toutes les expressions que Brahmegupta a appris à calculer par ses autres propositions, fussent rationnelles.

Ces expressions ne sont point calculées dans l'ouvrage indien. On ne doit pas en être étonné, puisque Brahmegupta se borne toujours au simple énoncé, le plus succinct possible, de ses propositions, sans en donner aucune démonstration, ni aucune vérification *à posteriori.*

Nous faisons cette observation parce que Bhascara donne, comme formant une proposition nouvelle qu'il s'attribue, *les expressions des diagonales* AC, BD, et reproche aux écrivains qui l'ont précédé, particulièrement à Brahmegupta, d'avoir omis cette règle, beaucoup plus courte , dit-il, que la formule du § 28 qu'ils ont donnée.

Les valeurs assignées aux côtés du quadrilatère par l'énoncé de la proposition § 38 , et les valeurs que nous avons trouvées pour les segmens OA , OB , OC , OD , font voir que les côtés de chacun des quatre triangles AOB , BOC, COD, DOA, qui sont rectangles en O et qui composent le quadrilatère, proviennent respectivement de *la multiplication des trois côtés de chaque triangle générateur*, par un côté de l'autre triangle. Ainsi les trois côtés du triangle AOB sont ac', ab', aa'; ils proviennent de la multiplication des côtés c', b', a', du second triangle générateur par le côté a du premier.

On peut donc, non-seulement déterminer les quatre côtés du quadrilatère, au moyen des deux triangles générateurs, mais aussi effectuer la construction du quadrilatère. Car il suffit de former, comme nous venons de le dire, les quatre triangles rectangles AOB, BOC, COD, DOA, et de les réunir ensemble. C'est ainsi que les scoliastes, particulièrement Ganesa, dans ses notes sur l'ouvrage de Bhascara, ont compris la construction du quadrilatère; et ont suppléé de la sorte à la condition d'inscriptibilité au cercle, que nous supposons avoir été dans les intentions de Brahmegupta. On conçoit dès lors comment Chaturveda a pu faire des applications numériques des règles de Brahmegupta, en ignorant cette condition d'inscriptibilité.

Avec les quatre côtés d'un quadrilatère inscrit au cercle, on peut former deux autres quadrilatères qui seront inscrits dans le même cercle. Ainsi α, β, γ, δ, étant les quatre côtés, pris consécutivement, du quadrilatère, on peut les placer dans l'ordre α, β, δ, γ, ou bien dans l'ordre α, γ, β, δ. Ces trois quadrilatères ont, deux à deux, une même diagonale; de sorte que de leurs six diagonoles il n'y en a que trois différentes; les trois autres étant égales respectivement à ces trois premières [1].

Si l'on applique cette remarque à la figure de Brahmegupta, les deux nouveaux quadrilatères ne seront plus des *trapèzes*, c'est-à-dire, qu'ils n'auront plus leurs diagonales à angle droit. Mais ces lignes seront encore rationnelles; ainsi que toutes les autres parties du quadrilatère que nous avons calculées pour le trapèze. De sorte que les deux nouveaux quadrilatères satisfont à la question générale que nous supposons que l'auteur hindou s'est proposée; aussi aurait-il pu comprendre ces deux quadrilatères dans sa solution.

L'existence de ces deux nouveaux quadrilatères a été connue de Bhascara, qui a donné l'expression de la troisième diagonale; mais qui n'a nullement aperçu quel était l'objet de la proposition de Brahmegupta, soit par rapport à l'inscriptibilité au cercle, soit par rapport à la rationalité des différentes parties de la figure.

Cette troisième diagonale est égale à cc'. C'est précisément la valeur du diamètre du cercle circonscrit au quadrilatère. Ce qui prouve que le quadrilatère a deux angles droits qui sont opposés. Cette forme particulière du quadrilatère, qui mérite d'être remarquée, ne l'a pas été par Bhascara [2].

---

[1] Ces trois quadrilatères ont la même surface. Leurs trois diagonales différentes ont avec cette surface et le diamètre du cercle circonscrit une relation qui consiste en ce que : *Le produit des trois diagonales, divisé par le double du diamètre du cercle circonscrit, est égal à l'aire de l'un des quadrilatères.*

Cette proposition paraît due à Albert Girard, qui l'a énoncée dans sa *Trigonométrie*. Nous ne trouvons pas qu'elle ait été reproduite depuis.

[2] Cette propriété du quadrilatère, d'avoir deux angles droits, fait voir que la question de construire un quadrilatère inscriptible au cercle, dont les côtés, l'aire, les diagonales, les perpendiculaires, ainsi que le diamètre du cercle, soient exprimés en nombre rationnels, est susceptible d'une solution très-simple, qui consiste à prendre pour le diamètre du cercle un nombre rationnel quelconque, et à décomposer de deux manières différentes le carré de ce nombre en deux autres carrés. Les racines de ces nombres carrés seront les côtés du quadrilatère. On formera de cette manière les mêmes quadrilatères que par la méthode de Brahmegupta.

Il est facile de voir que l'on peut encore opérer ainsi : Que l'on prenne un triangle scalène quelconque ABC, de manière que ses côtés et sa perpendiculaire soient des nombres rationnels; et que par ses deux sommets B, C, on élève des perpendiculaires sur les côtés AB, AC, respectivement. Ces droites se couperont en un point D, et le quadrilatère ABDC satisfera à la question. En changeant l'ordre de ses côtés on formera le *trapèse* de Brahmegupta.

Reprenons les expressions de la perpendiculaire CF et du segment FD. On a

$$CF = \frac{b}{c}\,(ab' + ba'), \quad FD = \frac{b}{c}\,(bb' - aa').$$

Les deux lignes CF, FD, sont les côtés d'un triangle rectangle, dont l'hypoténuse est CD $= bc'$. Ces expressions ne contiennent pas explicitement la quantité c', ni par conséquent le côté CD, mais seulement les quantité a', b', dont la somme des carrés est égale au carré de c', ou CO $= a'b$ et DO $= b'b$, dont la somme des carrés est égale au carré de CD. Ces expressions seraient donc encore rationnelles, quand bien même c', ou le côté CD, ne le serait pas. Par conséquent les lignes CF, FD donnent une solution géométrique de ce problème. *Décomposer un nombre donné (carré ou non) en deux nombres carrés, connaissant une première solution de la question.*

Remplaçons c'^2, par A ; on pourra exprimer ainsi, algébriquement, la question et sa solution ;

Pour résoudre l'équation $x^2 + y^2 = A$, *en nombres rationnels, quand on connait un premier système de racines* x', y', *de cette équation, on prendra arbitrairement trois nombres carrés*, a , b , c , *tels que l'on ait* $a^2 + b^2 = c^2$; *et les racines cherchées seront*

$$x = \frac{ay' + bx'}{c},$$

$$y = \frac{by' - ax'}{c}.$$

Ces formules, auxquelles conduit naturellement la question géométrique de Brahmegupta, contiennent virtuellement les formules générales pour la résolution de l'équation $Cx^2 \pm A = y^2$ [1], que l'on a trouvées, au grand étonnement des géomètres européens, dans l'algèbre de cet auteur hindou, et qui, dans le siècle dernier, avaient fait honneur au grand Euler, qui, le premier, y était parvenu parmi les Modernes.

[1] En effet, dans l'équation à résoudre $x^2 + y^2 = A$, et dans les deux équations de condition $x'^2 + y'^2 = A$ et $a^2 + b^2 = c^2$, remplaçons x par $x\sqrt{C}$, x' par $x'\sqrt{C}$, a par $a\sqrt{C}$; elles deviendront

$$Cx^2 + y^2 = A,$$

$$Cx'^2 + y'^2 = A,$$

$$Ca^2 + b^2 = c^2 ;$$

et les expressions des racines x et y deviendront, par ces substitutions,

$$x = \frac{ay' + bx'}{c}$$

$$y = \frac{Cax' - by'}{c}$$

Ce sont les racines de l'équation $\qquad Cx^2 + y^2 = A.$

Maintenant observons que ces racines satisfont à cette équation, quelles que soient les valeurs des deux

Les Indiens faisaient usage concurremment de l'Algèbre et de la Géométrie dans leurs spéculations mathématiques ; de l'algèbre pour abréger et faciliter la démonstration de leurs propositions géométriques, et de la Géométrie pour démontrer leurs règles d'algèbre et peindre aux yeux, par des figures, les résultats de l'analyse. Nous verrons des exemples de cette manière d'opérer, dans plusieurs passages des ouvrages de Bhascara, et dans les ouvrages des Arabes, qui ont reçu des Indiens cette alliance de l'algèbre à la Géométrie. Il paraît donc possible que les Indiens soient parvenus à leur solution des équations indéterminées du second degré, par des considérations géométriques puisées dans la question du § 38, et que ce soit là la raison primitive de la présence du morceau de Géométrie intercalé dans les *Traités d'arithmétique et d'algèbre* de Brahmegupta. Ce qui viendrait à l'appui de cette conjecture, c'est qu'il paraît que les Arabes s'étaient aussi occupés des équations indéterminées du second degré, et qu'ils les avaient résolues par des considérations géométriques ; ce en quoi ils auraient été, probablement, les imitateurs des Indiens. Cela semble résulter d'un passage de Lucas de Burgo, qui, dans sa *Summa de Arithmetica, Geometria,* etc. (*distinctio prima, tractatus quartus*), parle du *Traité des nombres carrés* de Léonard de Pise, où se trouvait résolue l'équation $x^2 + y^2 = A$, *par des considérations et des figures géométriques.* Les formules de Léonard de Pise, que Lucas de Burgo rapporte[1], sont les

nombres C et A, qui par conséquent peuvent être supposés négatifs. De sorte que l'équation peut prendre la forme

$$Cx^2 \pm A = y^2 ;$$

et ses racines deviennent

$$(1) \quad \cdots \cdots \cdots \cdots \cdots \quad \left\{ \begin{aligned} x &= \frac{ay' + bx'}{c} \\[2ex] y &= \frac{Cax' + by'}{c} . \end{aligned} \right.$$

Nous donnons le signe possitif à la valeur de y, parce que cette variable n'entrant qu'au carré dans l'équation, son signe est indifférent.

Les équations de condition entre x' et y' d'une part, et a, b, c, de l'autre, sont

$$Cx'^2 \pm A = y'^2,$$
$$Ca^2 + c^2 = b^2.$$

C'est-à-dire que x' et y' sont un système de racines de l'équation proposée ; et que $\frac{a}{c}$ et $\frac{b}{c}$ sont un système de racines de l'équation $Cx^2 + 1 = y^2$.

Les formules (1) qui résolvent l'équation $Cx^2 \pm A = y^2$ sont précisément celles que l'on trouve dans l'algèbre de Brahmegupta (section VII ; pag. 364 et art. 68 de la traduction de M. Colebrooke.)

Ainsi ces formules générales pouvaient se déduire facilement de la simple question de Géométrie traitée par l'auteur indien.

[1] Cardan dit aussi avoir emprunté de Léonard de Pise ces mêmes formules, qu'il donna, sans démonstration, dans sa *Practica Arithmetice* (chap. 66, question 44). Viète est le premier qui les ait démontrées, au commencement du IVe livre de ses *Zététiques.* Sa démonstration est analytique. Peu de temps après, Alexandre Anderson s'est aussi occupé de cette question d'analyse indéterminée, et a démontré par des considérations géométriques les formules de Diophante, qui sont différentes de celles de Léonard de Pise (voir *Exercitationum mathematicarum Decas prima.* Paris, 1619, in-4°).

Dans les notices historiques sur les équations indéterminées du second degré, on ne fait remonter qu'à mêmes que celles que nous avons déduites de la question géométrique de Brahmegupta. Or, Léonard de Pise avait rapporté ses connaissances mathématiques de l'Arabie. Nous devons donc attribuer ses formules, pour la résolution des équations indéterminées du second degré, aux Arabes ; et penser que ceux-ci les avaient reçues des Indiens.

Après avoir formé notre opinion sur les questions précises qui avaient été l'objet des §§ 21 à 38 de l'ouvrage de Brahmegupta, nous avons été curieux de savoir si, parmi les Modernes, et à quelle époque, les mêmes questions avaient été traitées ; et si l'on pouvait établir une sorte de comparaison entre le travail des géomètres hindous et celui des géomètres européens.

Voici ce que nous avons trouvé à ce sujet :

J.-B. Benedictis a résolu la question de *construire avec quatre côtés donnés un quadrilataire inscriptible dans le cercle* (*voir* son recueil intitulé : *Diversarum speculationum mathematicarum et physicarum liber*. Taurini, 1585 ; in-fol"). Ce problème lui avait été proposé par le prince Charles-Emmanuel de Savoie.

En 1594, le célèbre Joseph Scaliger en inséra une solution inexacte dans ses *Cyclometrica elementa duo* (Leyde, in-fol.). a, b, c, d, étant les quatre côtés donnés, on conclurait de cette solution que le diamètre du cercle dans lequel le quadrilatère formé avec ces quatre côtés serait inscrit, aurait pour expression $\sqrt{a^2 + b^2} + \sqrt{c^2 + d^2}$. D'où il suivrait que le problème admettrait deux autres solutions, pour lesquelles les diamètres des cercles seraient $\sqrt{a^2 + c^2} + \sqrt{b^2 + d^2}$, et $\sqrt{a^2 + d^2} + \sqrt{b^2 + c^2}$. De sorte que Scaliger aurait, dans le fait, résolu avec la ligne droite et le cercle une question qui aurait dû dépendre, en analyse, d'une équation du troisième degré. Mais il est vrai que cette remarque, s'il l'a faite, ne pouvait l'arrêter ; car on sait que sa grande réputation littéraire le portant à ambitionner aussi le premier rang parmi les mathématiciens, il avait résolu non-seulement le problème de la quadrature du cercle, qui était l'objet de ses *Cyclometrica elementa*, mais aussi celui d'inscrire dans le cercle tout polygone régulier d'un nombre impair de côtés [1].

Cet ouvrage fut réfuté aussitôt qu'il parut par Errard, de Bar-le-Duc, ingénieur du roi [2] ; et ensuite par Viète [3], Adrianus Romanus [4] et Clavius [5].

Fermat l'origine des travaux des géomètres modernes. On aurait dû citer, avant Fermat, Léonard de Pise, Lucas de Burgo, Cardan et Viète surtout, qui se sont servis des formules mêmes sur lesquelles repose et d'où peut se déduire la solution générale d'Euler.

[1] *Elementum prius* ; prop° XV.

[2] *Réfutation de quelques propositions du livre de M. De l'Escale, de la quadrature du cercle, par lui intitulé : Cyclometrica elementa duo*. Lettre adressée au roi. Paris, septembre, 1594 ; chez Auray, rue St-Jean-de-Beauvais, au Bellérophon couronné.

Peu de mots suffisent à Errard pour montrer la fausseté des propositions 5e et 6e de Scaliger, qui disent, 1° *Que le circuit du dodécagone inscrit au cercle peut plus que le circuit du cercle ;* et 2° *que le carré du circuit du cercle est décuple au carré du diamètre.*

[3] Cette réfutation est l'objet du *Pseudo-Mesolabum et alia quædam adjuncta capitula*, qui parut en 1506.

[4] *Apologia pro Archimede, ad clariss. virum Josephum Scaligerum. Exercitationes cyclicæ contra J. Scaligerum, Orontium finæum, et Raymarum Ursum, in decem dialogos distinctæ*. Wuceburgi, 1597, in-fol.

[5] Voir sa *Géométrie pratique*

Viète, à ce sujet, résolut la question du quadrilatère, et montra les paralogismes qui avaient égaré Scaliger. Sa solution parut en 1596 dans son *Pseudo-Mesolabum*.

Nous trouvons ensuite Prætorius, qui consacra à cette question un livre intitulé : *Problema . quod jubet ex quatuor rectis lineis datis quadrilaterum fieri , quod sit in circulo, aliquot modis explicatum ; à Johan.* Prætorio *Joachimico.* Norinbergæ, 1598, in-4° (de 36 pages).

Cet ouvrage est précieux sous plusieurs rapports ; d'abord par quelques indications qu'il contient sur l'histoire du problème ; et ensuite parce que, résolvant la même question que Brahmegupta, au sujet des conditions de rationalité de quelques parties de la figure, il nous fournit un point de comparaison entre les Indiens et nous, dans une question particulière et originale chez l'auteur hindou, comme chez l'auteur européen.

Prætorius nous apprend qu'anciennement ce problème avait été traité, et que l'on avait cherché le diamètre du cercle circonscrit au quadrilatère, et l'aire de cette figure ; qu'ensuite Regiomontanus avait aussi proposé ces questions ; puis, que Simon Jacob avait calculé les diagonales du quadrilatère et le diamètre du cercle. Enfin il cite la solution de Viète, et ajoute que, plus récemment encore, d'autres solutions en ont été données ; mais qu'il ne les connaît pas.

Après ce préambule historique, Prætorius résout le problème en cherchant les expressions des diagonales, et montre comment on calculera le diamètre.

Ensuite il se propose de déterminer quatre nombres qui, étant pris pour les côtés du quadrilatère, donnent pour les diagonales, ainsi que pour le diamètre du cercle, des valeurs rationnelles. Et il résout cette question de différentes manières. Dans l'une, il trouve pour les côtes du quadrilatère les quatre mêmes nombres 60, 52, 25 et 39, qu'emploie Brahmegupta. Mais il ne les place pas dans le même ordre, et il forme ainsi un quadrilatère différent de celui du géomètre indien[1]. Dans l'exemple suivant, il remarque qu'on peut changer deux côtés de place, et il forme avec d'autres nombres, qui sont 52, 56, 39 et 33, un autre quadrilatère inscriptible. Nous avons reconnu que ce quadrilatère a ses diagonales rectangulaires comme celui de Brahmegupta ; ce que Prætorius n'a pas observé. Ce géomètre n'a pas remarqué non plus que différentes parties du quadrilatère, que Brahmegupta a calculées, étaient aussi exprimées en nombre rationnel, comme les diagonales et le diamètre du cercle. De sorte que l'on peut dire que Brahmegupta

---

[1] Prætorius prend un triangle quelconque ABC, ayant ses côtés rationnels et tels que sa perpendiculaire soit aussi rationnelle. Il le construit au moyen de deux triangles rectangles, comme nous l'avons dit au sujet du § 34 de Brahmegupta. Deux côtés de ce triangle AB, AC, sont pris pour deux côtés consécutifs du quadrilatère cherché, et le troisième BC, pour la diagonale qui les soutend. Il reste à construire les deux autres côtés du quadrilatère ; Prætorius détermine leurs longueurs en menant quelques lignes, et en faisant deux proportions.

Cette solution peut être singulièrement abrégée ; car nous avons reconnu qu'il suffit de mener par les points B, C, deux droites perpendiculaires aux côtés AB et AC, respectivement. Ces droites sont les deux côtés cherchés.

Cette construction fait voir que le quadrilatère de Prætorius a deux angles droits, et que sa seconde diagonale est précisément le diamètre du cercle circonscrit ; ce que ce géomètre n'a peut-être pas aperçu.

a plus approfondi cette question, et l'a traitée plus complétement que les Modernes.

Dans sa dernière solution, Prætorius prend pour les côtes consécutifs du quadrilatère les nombres 33, 25, 16 et 60, et il dit que « ce sont ceux que Simon Jacob a proposés, sans montrer la voie qui l'avait conduit à cette solution. » Cela nous fait supposer que Simon Jacob avait résolu aussi, outre la question de construire un quadrilatère inscriptible au cercle, avec quatre côtés donnés, celle de trouver, en nombre rationnels, quatre côtés pour lesquels les diagonales du quadrilatère et le diamètre du cercle fussent rationnels [1].

Nous ne connaissons que l'ouvrage de Prætorius où, depuis Simon Jacob, on ait traité cette seconde question; quoique le problème de construire le quadrilatère inscriptible, avec quatre côtés donnés, ait continué d'occuper quelques géomètres. Ludolph Van Ceulen l'a résolu dans ses *Problemata miscellanea*; ainsi que Snellius, dans les notes dont il a enrichi sa traduction, du hollandais en latin, de cet ouvrage de Ludolph. Quoique Snellius y cite l'ouvrage de Prætorius, il n'a point fait mention des nouvelles questions que celui-ci avait résolues.

Enfin nous citerons J. De Billy (1602-1679), géomètre d'un grand mérite, qui, cependant, s'est mépris dans la construction du quadrilatère inscriptible avec quatre côtés; parce qu'il a pensé que le problème était indéterminé, et que l'on pouvait prendre une condition de plus, telle qu'une relation entre les deux diagonales. Il crut le résoudre en se donnant le rapport des diagonales, puis leur somme, et enfin leur différence [2].

Nous avons cité, au sujet du § 21, les géomètres qui se sont occupés particulièrement de l'élégante formule pour l'aire du quadrilatère.

---

[1] *Simon Jacob n'est cité par aucun historien des mathématiques, et parait être aujourd'hui tout-à-fait inconnu ; cependant nous trouvons dans le premier volume de la* Bibliothèque mathématique *de Murhard, qu'il est auteur de deux ouvrages allemands qui ont eu un grand nombre d'éditions. Le premier, intitulé* Recherches sur les lignes (Rechnung auf der Linie ; *Francfort, in-8°) a paru en 1557, et a été réimprimé en 1589, 1590, 1599, 1607, 1608, 1610 et 1613. Le second,* Nouveau traité élémentaire du calcul des lignes et des nombres, suivant la pratique italienne (Ein neu und wohlgegründet Rechenbuch auf der Linie und Ziffern, samt der Welschen Practic, *etc., in-4°), parut en 1560 et a été réimprimé en 1565, 1600 et 1612.*

Nous trouvons encore dans la *Bibliothèque mathématique* de Murhard, que Simon Jacob, professeur de mathématiques à Francfort-sur-Mein, a revu et fait paraître, en 1564, une édition d'un ouvrage de Pierre Apian (1500-1552), sur les calculs relatifs au commerce.

Schooten cite Simon Jacob dans deux passages de ses *Sectiones miscellaneæ*, et l'appelle *celebris arithmeticus* (voy. *Exercitationes mathematicæ*, pag. 404 et 410). On y voit que ce géomètre avait imaginé plusieurs progressions telles, que chacun de leurs termes étant exprimé en fraction, le numérateur et le dénominateur étaient les côtés de l'angle droit d'un triangle rectangle dout l'hypothénuse était rationnelle

[2] *Diophantus geometra, sive opus contextum ex arithmeticâ et geometriâ simul,* etc. Paris, 1660, in-4°, p. 188 et 189.

Jacques de Billy, que Heilbronner et Montucla citent à peine, fut un très-savant algébriste, estimé des plus célèbres mathématiciens de son temps, en particulier de Fermat et de Bachet de Méziriac. On trouve dans les *Mémoires de Nicéron*, t. 40, la liste des nombreux ouvrages qu'il a mis au jour, et de ceux, en plus grand nombre, qui sont restés manuscrits; ceux-ci faisaient partie de la bibliothèque des jésuites de Dijon : il parait qu'ils n'ont pas passé dans celle de la ville, car nous n'en trouvons aucun dans les catalogues de Hœnel.

S'ils existent encore, il serait bien à désirer qu'on fit connaître au moins une analyse ou une table des matières traitées dans ces manuscrits, qui étaient au nombre d'une vingtaine.

La théorie du quadrilatère inscrit n'offre plus aujourd'hui aucune difficulté, et a passé dans les ouvrages élémentaires où l'on donne le théorème de Ptolémée sur le produit des deux diagonales, et un second théorème sur le rapport de ces lignes ; de ces deux propositions se déduisent les valeurs des deux diagonales. M. Legendre a complété cette théorie en donnant dans les Notes jointes à ses *Élémens de Géométrie*, la démonstration, par le calcul, des formules pour l'aire du quadrilatère et le diamètre du cercle circonscrit. Mais je ne sache pas que l'on ait jamais, depuis Prætorius, résolu la question de construire un quadrilatère inscriptible, dont les parties fussent rationnelles ; ni même que l'on ait fait attention à l'ouvrage de ce géomètre. L'apparition de cette question dans le traité de Brahmegupta semble donner une sorte d'à propos, et un nouveau mérite à celui de Prætorius [1].

Nous terminerons ici nos observations sur les dix-huit premiers paragraphes de la partie géométrique de Brahmegupta. Les autres paragraphes offrent peu d'intérêt. Nous y remarquerons seulement le rapport de la circonférence au diamètre, exprimé par la proposition du § 40, lequel serait égal à $\sqrt{10}$. Il paraît, d'après le texte anglais [2], que Brahmegupta a regardé cette expression comme étant le rapport *exact* de la circonférence au diamètre. Chaturveda, dans ses notes, semble le croire ainsi. Cela ne nous étonne point de la part de ce scoliaste ; mais il est difficile de penser qu'un géomètre qui a été capable d'écrire sur la théorie du quadrilatère inscrit au cercle, et de résoudre les questions que nous avons trouvées dans l'ouvrage de Brahmegupta, ait commis cette faute. Il est vrai que la quadrature du cercle a été aussi l'écueil d'un grand nombre de géomètres modernes, qu'elle a entraînés dans des erreurs semblables ; quoique plusieurs d'entre eux eussent donné des preuves d'un véritable et profond savoir en mathématiques. Il nous suffira de citer Oronce Finée et Grégoire de St-Vincent.

L'expression $\sqrt{10}$ est précisément le rapport que J. Scaliger disait avoir trouvé le premier, et croyait avoir démontré géométriquement : mais on connaissait depuis long-temps en Europe cette expression, qu'on savait n'être qu'approchée. On l'attribuait aux Arabes ou aux Indiens, et l'on supposait que ces peuples l'avaient regardée comme étant exacte.

En effet, Purbach (1425–1461), dans son livre intitulé : *Tractatus Georgii Peurbachii super propositiones Ptolemœi de sinibus et chordis*, s'exprime ainsi, *Indi verò*

---

[1] J. Prætorius (1557-1616), n'est cité, généralement, que comme inventeur de l'instrument géodésique appelé la *planchette*, qui pendant long-temps a eu le nom de *Tabula Prætoriana* ; mais il fut un géomètre très-habile et très-considéré dans son temps. Snellius, en citant son ouvrage sur le quadrilatère, s'exprime ainsi : *Clarissimus J. Prætorius harum artium scientia nulli secundus, de quatuor lineis in circulo integrum librum publicavit, in quo multis modis ingeniosè sanè et acutè hoc idem problema effici posse demonstravit.*

Le célèbre professeur de mathématiques Doppelmayer lui a consacré une notice dans sa biographie des mathématiciens et artistes de Nuremberg. 1730, in-fol. (en allemand), où l'on voit que Prætorius a imprimé peu d'ouvrages ; mais que plusieurs de ses manuscrits sont conservés à Altorf, où il a vécu dans la plus grande estime pendant quarante ans.

On trouve un extrait de cette notice dans l'ouvrage de géodésie pratique de J.-J. Marinoni, intitulé : *De re ichnographicâ, cujus hodierna praxis exponitur*, etc. Viennæ Austriæ, 1751, in-4º.

[2] *The diameter and the square of the semidiameter, being severally multiplied by three, are the practical circumference and area. The square-roots extracted from ten times the squares of the same are the neat values.*

*dicunt, si quis sciret radices numerorum rectâ radice carentium invenire, ille faci-
liter inveniret, quanta esset diameter respectu circumferentiæ. Et secundum eos, si
diameter fuerit unitas, erit circumferentia radix de decem : si duo, erit radix de
quadraginta : si tria, erit radix de nonaginta : et sic de aliis, etc.* Regiomontanus
(1436-1476), au contraire, attribue le rapport $\sqrt{10}$ aux Arabes. Voici ses paroles : *Arabes olim circulum quadrare polliciti ubi circumferentiæ suæ æqualem rectam des-
cripsissent, hanc pronuntiavere sententiam : si circuli diameter fuerit ut unum,
circumferentia ejus erit ut radix de decem. Quæ sententia cum sit erronea...* Butéon
(1492-1572), dans le second livre de son ouvrage *De quadraturâ circuli, libri duo*
(Lyon, 1559, in-8°), où il fait l'histoire de ce problème, et réfute les paralogismes qu'il
avait déjà occasionés, énonce en ces termes la même opinion que Regiomontanus : Te-
tragonismus secundum Arabes. *Omnis circuli perimetros ad diametrum decupla est
potentiâ...... Patet igitur hujusmodi tetragonismum secundum Arabes esse falsum, et
extra limites Archimedis.*

Sur la Géométrie de Bhascara Acharya.

Les ouvrages de Bhascara sont, comme ceux de Brahmegupta, un traité d'arithmétique,
que l'auteur appelle *Lilavati*, et un traité d'algèbre qu'il appelle *Bija-Ganita*.

La Géométrie se trouve comprise dans le Lilavati, où elle forme les chapitres VI, VII,
VIII, IX, X et XI, sous les §§ 133-247.

Le chapitre VI est le plus considérable ; il traite des figures planes : les autres sont peu
de chose, et ont les mêmes titres, *excavations, stacks*, etc., que dans le traité de Brahmegupta.

Le Bija-Ganita contient aussi quelques questions de Géométrie, qui s'y trouvent comme
applications des règles de l'algèbre, et qui sont résolues par le calcul. On remarque encore
dans cet ouvrage quelques propositions algébriques qui y sont démontrées par des considérations géométriques. Nous ferons connaître ces propositions isolées, après que nous
aurons examiné la partie géométrique proprement dite.

Nous diviserons celle-ci en cinq parties : *les trois premières seront relatives au triangle
en général, au triangle rectangle et au quadrilatère; la quatrième comprendra quelques
propositions sur le cercle; et dans la cinquième seront les règles pour la mesure des volu-
mes, et le chapitre sur l'usage du gnomon.*

Première partie : *Propositions sur le triangle.*

1° Théorème du carré de l'hypoténuse, § 134.

2° Expression des segmens faits sur la base d'un triangle par la perpendiculaire; et
expression de la perpendiculaire, §§ 163-164, 165, 166.

3° L'aire du triangle est égale à la moitié du produit de la base par la perpendiculaire,
§ 164[1].

---

[1] Le commentateur Ganésa démontre autrement que nous n'avons coutume de le faire, d'après Euclide, que
l'aire du triangle est égale à la moitié du produit de la base par la perpendiculaire.

4° Formule qui donne l'aire du triangle en fonction des côtés, § 167.

Nous l'énoncerons ci-dessous, au sujet du quadrilatère.

Deuxième partie : *Sur le triangle rectangle.*

1° Règles pour former un triangle rectangle en nombres rationnels;

Quand un côté est donné, §§ 139, 140, 141, 143, 145;

Quand l'hypoténuse est donnée, §§ 142, 144, 146.

2° Construire un triangle rectangle dont on connaît un côté et la somme ou la différence de l'hypoténuse et du second côté, §§ 147, 148, 149, 150, 151, 152, 153.

3° Règle pour déterminer sur un côté d'un triangle rectangle le point dont la somme des distances aux extrémités de l'hypoténuse est égale à la somme des deux côtés de l'angle droit, §§ 154, 155.

4° Construire un triangle rectangle dont on connaît l'hypoténuse et la somme ou la différence des deux côtés de l'angle droit, §§ 156, 157, 158.

Troisième partie. *Propositions sur le quadrilatère.*

1° La demi-somme des côtés est écrite quatre fois, on en retranche séparément les côtés, et l'on fait le produit des restes. La racine carrée de ce produit est l'aire, *inexacte* dans le quadrilatère, mais reconnue *exacte* dans le triangle; §§ 167, 168.

C'est la formule de Brahmegupta, que Bhascara a copiée, sans l'avoir comprise, et sans avoir aperçu qu'il y était question de quadrilatère inscrit au cercle. Voilà pourquoi il dit que la règle est inexacte pour le quadrilatère ; et qu'il prouve ensuite qu'il est absurde de demander l'aire d'un quadrilatère dont on ne connaît que les côtés, parce qu'avec les mêmes côtés, dit-il, on peut former plusieurs quadrilatères différens [1]. §§ 169-170, 171, 172.

2° Dans le quadrilatère équilatéral, ou losange, l'aire est égale à la moitié du produit

Il forme un rectangle qui a même base que le triangle, et pour hauteur la moitié de la perpendiculaire. La base supérieure du rectangle retranche du triangle un petit triangle qui est divisé par la perpendiculaire en deux triangles rectangles. Ceux-ci sont égaux respectivement aux deux triangles qu'il faut ajouter à la portion inférieure du triangle proposé pour compléter le rectangle. D'où il conclut que l'aire du triangle est égale à celle du rectangle, et conséquemment égale au produit de la base par la moitié de la perpendiculaire.

Cette démonstration est très-simple et parle aux yeux autant qu'à l'esprit. C'est celle qu'emploient les Arabes, et qui a été adoptée à la renaissance, particulièrement par Lucas de Burgo et Tartaléa.

[1] Le scoliaste Suryadasa, auteur de deux commentaires excellens, sur le Lilavati et le Bija-Ganita (Colebrooke ; *Brahmegupta and Bhascara, algebra,* p. xxvi), ne paraît pas avoir été plus habile que Bhascara dans l'intelligence de la proposition de Brahmegupta. Car il donne cette singulière raison pour prouver que l'aire est exacte dans le triangle et inexacte dans le quadrilatère :

« Si les trois restes sont additionnés ensemble, leur somme est égale à la moitié de la somme de tous les côtés. Le produit de la multiplication continue des trois restes étant multiplié par la somme de ces restes, le produit ainsi obtenu est égal au produit du carré de la perpendiculaire multiplié par le carré de la moitié de la base. C'est une quantité carrée, car un carré multiplié par un carré, donne un carré. La racine carrée étant extraite, le résultat est le produit de la perpendiculaire par la moitié de la base, et c'est l'aire du triangle. Donc la véritable aire est ainsi trouvée. Dans un quadrilatère, le produit de la multiplication ne donne pas une quantité carrée, mais une irrationnelle. Sa racine approximative est l'aire de la figure ; non pas toutefois la véritable, car divisée par la perpendiculaire elle devrait donner la moitié de la somme de la base et de la corauste. » (*Lilavati,* p. 72).

des deux diagonales. L'aire du rectangle est le produit de la base par la hauteur; § 174.

3° *Dans le quadrilatère dont les deux perpendiculaires sont égales, l'aire est le produit de la demi-somme des deux bases par la perpendiculaire;* §§ 175, 177.

4° *Dans le losange, la somme des carrés des deux diagonales est égale à quatre fois le carré du côté;* § 173-175.

5° *Formules qui donnent les segmens que les diagonales d'un quadrilatère dont les flancs sont perpendiculaires sur la base, font l'une sur l'autre par leur point d'intersection; et expression de la perpendiculaire abaissée de ce point sur la base;* § 159, 160.

6° *Connaissant les côtés d'un quadrilatère, et l'une de ses diagonales, trouver l'autre diagonale, les perpendiculaires du quadrilatère, et son aire;* §§ 178, ... 184.

L'aire est la somme des aires des deux triangles qui ont la diagonale connue pour base § 184.

Les propositions où les différentes parties de cette question sont résolues ne présentent aucune difficulté. Elles reposent sur le principe de la proportionalité des côtés dans les triangles équiangles.

7° *Règle pour former avec quatre côtés donnés, un quadrilatère qui ait ses deux perpendiculaires égales;* § 185-186.

8° *Règle pour trouver les diagonales d'un quadrilatère;* § 190.

C'est la règle donnée au § 28 de Brahmegupta, pour le quadrilatère inscrit au cercle. Mais elle ne s'applique point, dans l'ouvrage de Bhascara, à un quadrilatère inscriptible quelconque, parce que ce géomètre n'a jamais prononcé le mot *cercle* dans aucune de ses propositions relatives au triangle ou au quadrilatère; et qu'il a ignoré absolument que les propositions de Brahmegupta concernassent le quadrilatère inscrit.

On reconnaît que la règle énoncée par Bhascara concernait seulement, dans l'esprit de ce géomètre, le quadrilatère à diagonales rectangulaires, formé au moyen de deux triangles rectangles *générateurs,* comme nous l'avons dit dans nos observations à la suite du § 38 de Brahmegupta. Cela est confirmé par la règle plus simple, et propre uniquement à ce cas particulier, que Bhascara *substitue* à la règle générale dans son § 191-192.

Une autre observation de Bhascara prouve encore bien clairement qu'il a ignoré qu'il fût question dans Brahmegupta du quadrilatère inscriptible au cercle; c'est qu'il lui reproche d'avoir donné une règle générale pour déterminer des diagonales qui, dit-il, étaient indéterminées. Voici tout ce passage de Bhascara:

« § 187-189. *Les côtés ont pour mesure 52, et 39*[1]; *la corauste est égale à 25 et*
» *la base à 60. Ces nombres ont été pris par les anciens auteurs, comme exemple d'une*
» *figure ayant ses perpendiculaires inégales; et les mesures précises des diagonales ont*
» *été trouvées 56 et 63.*

---

[1] Remarquons ici en passant que Bhascara, pour exprimer 39, *procède par soustraction, à la manière des Latins;* il dit : 40 *moins* 1 (*one less than forty*). Mais il paraît que ce mode de composition des nombres n'est pas général dans l'Inde. Chaturveda ne le suit pas; il prononce toujours *trente-neuf* (*thirty-nine*). (*Voir ses commentaires sur les* § 21 *et* 32 *de* Brahmegupta).

» Former avec ces quatre mêmes côtés, un autre quadrilatère qui ait d'autres diago-
» nales, et particulièrement celui qui aura ses perpendiculaires égales. »

Bhascara résout cette question; puis il ajoute :

« Ainsi avec les mêmes côtés, il peut y avoir différentes diagonales dans le tétragone.

» Quoiqu'indéterminées, les diagonales ont cependant été trouvées comme déterminées
» par Brahmegupta et d'autres. Leur règle est la suivante :

» § 190. *Règle.* Les sommes des produits des côtés aboutissans aux *extrémités des dia-*
» *gonales* étant divisées l'une par l'autre, et multipliées par la somme des produits des
» côtés opposés, les racines carrées des résultats seront les diagonales dans le trapèze.

» L'objection qu'on peut faire contre ce moyen de trouver les diagonales, c'est qu'il
» est long; comme je vais le faire voir en proposant une méthode plus courte.

» § 191-192. *Règle.* Les cathétes et les côtés de deux triangles rectangles, multipliés
» réciproquement par les hypoténuses, sont les côtés; et de cette manière est formé un
» trapèze dans lequel *les diagonales peuvent se déduire des deux triangles.*

» Le produit des cathétes ajouté au produit des côtés est une diagonale; la somme des
» produits des cathétes et des côtés, multipliés réciproquement, est l'autre diagonale.

» Quand cette courte méthode se présentait, je ne sais pourquoi une règle laborieuse
» a été employée par les premiers écrivains. »

Bhascara ajoute que : « Si la corauste et l'un des flancs changent de place, l'une des
» diogonales deviendra égale au produit des hypoténuses des deux triangles rectangles. »

Nous devons conclure de ce passage, que Bhascara n'a pas compris les propositions de
Brahmegupta qu'il reprend. Celui-ci, comme nous l'avons déjà dit, n'a pas énoncé les formules données au § 191-192 de Bhascara, parce qu'elles n'étaient, dans son esprit, qu'une
simple vérification de la rationalité des diagonales, et non pas le sujet d'une proposition.

Bhascara remarque qu'en changeant de place deux côtés contigus du quadrilatère, on
en forme un second, où l'une des diagonales est différente, et a pour expression le produit
des hypoténuses des deux triangles générateurs. Cela est vrai; mais Bhascara ne dit pas
plus pour ce second quadrilatère que pour le premier, quelles seront ses propriétés qui
avaient été l'objet de l'ouvrage de Brahmegupta. Il ne remarque pas non plus que ce nouveau quadrilatère a deux angles droits.

9° Calcul des segmens que les diagonales et les perpendiculaires d'un quadrilatère, et
les côtés *prolongés, font les uns sur les autres;* §§ 193-194, 195-196, 197, 198-200.

On suppose connus les côtés, les diagonales et les perpendiculaires.

Tous ces calculs sont sans difficulté; ils reposent sur le principe de la proportionnalité
des côtés dans les triangles équiangles.

Telles sont les propositions sur le quadrilatère. Elles forment, avec celles qui concernent le triangle, la partie de l'ouvrage de Bhascara qui correspond aux dix-huit premiers
paragraphes de celui de Brahmegupta. Avant de passer aux autres propositions de Bhascara, nous allons faire ressortir les différences que ces premières ont avec celles de Brahmegupta, dont elles ne sont qu'une imitation.

Ces différences portent sur les points suivans :

1° Toutes les propositions de Bhascara sont étrangères au cercle dont il est question formellement dans l'énoncé des §§ 26 et 27 de Brahmegupta, et qui joue le rôle principal dans plusieurs autres propositions.

2° La formule *pour l'aire du quadrilatère (inscrit au cercle)*, donnée par Brahmegupta, est déclarée inexacte par Bhascara.

3° L'expression générale des diagonales du quadrilatère inscrit, donnée par Brahmegupta, est censurée par Bhascara, comme étant d'un calcul pénible, et est regardée par lui comme n'étant applicable qu'à un quadrilatère d'une construction particulière.

4° Plusieurs propositions de Brahmegupta ne se trouvent point dans l'ouvrage de Bhascara. Telles sont les suivantes :

I^ro. L'expression du diamètre de cercle circonscrit à un triangle ou à un quadrilatère;

IIe. L'expression particulière du diamètre du cercle circonscrit à un quadrilatère ayant ses diagonales rectangulaires;

IIIe. La propriété de ce quadrilatère, qui consiste en ce que la perpendiculaire sur l'un de ses côtés, menée par le point d'intersection des deux diagonales, passe par le milieu du côté opposé;

IVe La manière de former un triangle isocèle ou scalène dont les côtés et la perpendiculaire soient des nombres rationnels ;

V^e La manière de former un quadrilatère inscriptible au cercle, dont deux côtés opposés, ou bien trois côtés, soient égaux, et dont toutes les parties, ainsi que le diamètre du cercle, soient rationnels.

L'absence de ces dernières propositions (IVe et V^e) dans l'ouvrage de Bhascara prouve que ce géomètre n'a point eu en vue comme Brahmegupta, de résoudre la question de construire un quadrilatère inscriptible au cercle, et dont toutes les parties soient rationnelles.

Enfin nous devons dire que l'ouvrage de Bhascara contient quelques propositions sur le triangle rectangle, qui ne se trouvent pas dans celui de Brahmegupta ; et qui, en effet, y eussent été étrangères à la théorie qui est l'objet de cet ouvrage.

En résumé : l'ouvrage de Brahmegupta résolvait complétement, et avec précision, la question de construire un quadrilatère inscriptible au cercle, dont toutes les parties fussent rationnelles. Aucune proposition n'était étrangère à cette question, ni inutile pour sa solution.

Celui de Bhascara n'a point un objet unique. *On peut le diviser en trois parties principales*, indépendantes les unes des autres.

Dans la première, on donne l'expression de la perpendiculaire dans un triangle; et la formule pour le calcul de l'aire de cette figure en fonction des trois côtés;

Dans la seconde, on traite de la construction d'un triangle rectangle en nombres rationnels, et de quelques questions sur le triangle rectangle;

Dans la troisième, l'auteur calcule différentes lignes dans un quadrilatère quelconque dont on connaît les quatre côtés et une diagonale.

Il y a donc des différences nombreuses et tranchées entre les deux ouvrages. Malgré ces différences, nous devons reconnaître que le plus récent n'est qu'une imitation ou une copie du premier ; copie imparfaite et défigurée, qui prouve évidemment que Bhascara n'a pas compris l'ouvrage de Brahmegupta.

Les notes de divers scoliastes, qui accompagnent le texte du Lilavati, nous montrent que ces écrivains n'ont pas été plus heureux que Bhascara, et qu'ils n'ont pas eu non plus l'intelligence des propositions de Brahmegupta.

Mais les propositions qu'il nous reste à citer du chapitre VI du Lilavati ont beaucoup plus de valeur que celles auxquelles elles correspondent dans le Traité de Brahmegupta. Nous allons en présenter les principales, où l'on aura à remarquer surtout une expression très-approchée du rapport de la circonférence au diamètre, et une formule très-simple pour le calcul approximatif d'une corde en fonction de son arc.

§ 201. « Le diamètre du cercle étant D, l'expression $D.\frac{3927}{1250}$ est à peu près la circonfé-
» rence ; $D.\frac{22}{7}$ est l'approximation employée dans la pratique. »

Ces deux expressions ne se trouvent pas dans l'ouvrage de Brahmegupta. Le rapport $\frac{22}{7}$ est celui d'Archimède. Le premier $\frac{3927}{1250}$ est plus exact ; car il est égal à 3,14160, et l'on a $\frac{22}{7} = 3,1428571....$ Pour obtenir une plus grande approximation il faut se servir du rapport 3,1415926....

L'approximation des Indiens [1] est remarquable surtout à cause du petit nombre de chiffres qui y entrent. Toutefois le rapport d'Adrien Metius, $\frac{355}{113} = 3,14159292.....$ est préférable.

§ 203. « *Règle*. Le quart du diamètre multplié par la circonférence est l'aire du cercle.
» Cette aire multipliée par 4 est la surface de la sphère. Cette surface, multipliée par le
» diamètre et divisée par 6 est la valeur précise du volume de la sphère. »

§ 205-206. « *Règle*. Soit D le diamètre du cercle ; $D^2 \frac{3927}{5000}$ est l'aire du cercle d'une ma-
» nière assez rapprochée ; $D^2 \frac{11}{14}$ est sa mesure grossière employée dans la pratique ;
» $\frac{D^3}{2} + \frac{1}{21} \cdot \frac{D^3}{2}$ est la mesure du volume de la sphère. »

Ces deux dernières expressions résultent du rapport d'Archimède ; car on a

$$D^2 \frac{11}{14} = \frac{D^2}{4} \cdot \frac{22}{7} , \text{ et } \frac{D^3}{2} + \frac{1}{21} \cdot \frac{D^3}{2} = \frac{D^3}{6} \cdot \frac{22}{7} .$$

§ 206-207. Ce sont les relations entre la corde, sa flèche et le diamètre du cercle, données par Brahmegupta ; § 41 et 42.

---

[1] Le rapport $\frac{3927}{1250}$ ne doit pas être attribué à Bhascara ; il est beaucoup plus ancien que ce géomètre. On le trouvent sous la forme $\frac{62832}{20000}$, dans l'algèbre de Mohammed ben Musa, qui, après avoir donné les deux rapports $\frac{22}{7}$ et $\sqrt{10}$, dit que les astronomes se servent d'un troisième, qui est $\frac{62832}{20000}$. (*Voir* p. 71 de la traduction de M. Frédéric Rosen.)

D'après cela on peut se demander si ce rapport appartient aux Indiens ou aux Arabes. M. Rosen et M. Libri pensent qu'il est d'origine indienne. (Voir *Mohammed ben Musa, Algebra translated by F. Rosen*, p. 199 ; et *Histoire des sciences mathématiques en Italie*, pag. 128.) Ce rapport est connu en Europe depuis long-temps. Purbach en parle dans son traité de la construction des sinus, et Stevin dans sa Géographie.

§ 209-211 et 212. « Dans le cercle dont le diamètre est 2000, les côtés du triangle » équilatéral inscrit, et des autres polygones réguliers sont : pour le triangle $1732\frac{1}{20}$; pour » le tétragone $1414\frac{13}{60}$; pour le pentagone $1175\frac{17}{30}$; pour l'hexagone 1000; pour l'epta-» gone $867\frac{7}{12}$; pour l'octogone $765\frac{11}{30}$; et pour le nonagone $683\frac{17}{20}$. »

L'auteur ajoute : « De différens autres diamètres on déduira d'autres côtés, comme » nous le montrerons sous le titre de *construction des sinus,* dans le traité sur les *sphé-» riques.*

» La règle suivante enseigne une méthode expéditive, pour trouver les cordes par » une approximation grossière. »

§ 213. Soit c la circonférence, a l'arc; D le diamètre et C la corde; on aura :

$$C = \frac{4D.\quad a(c-a)}{\frac{5}{4}c^2 - a(c-a)}.$$

Cette formule approximative est *très-curieuse; il serait intéressant de savoir comment* les Indiens y sont parvenus. M. Servois l'a obtenue en prenant la formule qui donne, en série, le sinus d'un arc en fonction de cet arc (Voir *Correspondance sur l'école Polytechnique,* tom. III, troisième cahier).

§ 214. *Exemple.* Le diamètre étant 240, les cordes des arcs de 20, 40, 60, 80, 100, 120, 140, 160 et 180 degrés seront 42, 82, 120, 154, 184, 208, 226, 236 et 240.

§ 215. Formule qui donne l'arc a, en fonction de la corde C, de la circonférence c et du diamètre D.

$$a = \frac{c}{2} - \sqrt{\frac{c^2}{4} - \frac{\frac{5}{4}c^2C}{4D+C}} \quad .$$

On tire cette formule de celle du § 213, en résolvant une équation littérale du second degré.

Les chapitres VII, VIII, IX et X ne contiennent rien de plus que ceux auxquels ils correspondent dans l'ouvrage de Brahmegupta.

Le chapitre XI a pour objet le calcul des distances par l'ombre du gnomon. On y trouve les questions traitées par Brahmegupta, et, de plus, celle-ci : un gnomon étant éclairé par deux points lumineux différens, si on connaît la différence des ombres et la diffé-rence de leurs hypoténuses, on saura déterminer les ombres.

Cela se réduit à ce problème :

Connaissant la perpendiculaire d'un triangle, la différence des segmens qu'elle fait sur la base, et la différence des deux autres côtés, construire le triangle.

Soit h la hauteur, ou perpendiculaire, du triangle, δ la différence des segmens; et d

la différence des côtés ; les segmens seront égaux à

$$\frac{1}{2}\left(\delta \pm d \sqrt{1 + \frac{4h^2}{d^2 - \delta^2}} \right).$$

C'est la formule de Bhascara.

On trouve dans le Bija-Ganita plusieurs questions de Géométrie résolues par le calcul, et plusieurs règles d'algèbre démontrées par la Géométrie. Toutes ces questions sont traitées avec une précision et une élégance bien remarquables.

Dans quelques-unes, qui pouvaient être résolues de plusieurs manières, c'est la solution la plus simple que l'auteur a choisie, on croit lire un passage de l'*Arithmétique universelle,* où Newton donne des préceptes si judicieux *sur le choix des inconnues.*

Ainsi, ayant à trouver la base d'un triangle scalène dont les côtés sont 13 et 5, et l'aire 4, Bhascara remarque que « si l'on prend pour l'inconnue la base cherchée, » on tombe sur une équation quadratique. Mais si l'on cherche la perpendiculaire abais- » sée sur l'un des côtés donnés, du sommet opposé, et les segmens faits sur ce côté, on » en déduit, par une simple extraction de racine carrée, la base cherchée. Elle est 4. » (Bija-Ganita, § 117.)

Bhascara donne deux démonstrations du carré de l'hypoténuse. La première consiste à chercher par une proportion, l'expression des segmens faits sur l'hypoténuse par la perpendiculaire ; et à ajouter ensemble ces deux segmens. C'est la démonstration employée par Wallis. (*De sectionibus angularibus,* cap. VI.)

La seconde est tout-à-fait d'origine indienne ; elle est fort remarquable. Sur les côtés d'un carré, Bhascara construit intérieurement quatre triangles rectangles égaux entre eux, ayant pour hypoténuses ces côtés, et il dit *voyez.* En effet, la vue de la figure suffit pour montrer que l'aire du carré égale les aires des quatre triangles (ou quatre fois l'aire de l'un d'eux), plus l'aire d'un petit carré qui a pour côté la différence des deux côtés de l'angle droit de l'un des quatre triangles. C'est-à-dire que l'on a, en appelant c l'hypoténuse d'un des triangles et a, b ses deux autres côtés,

$$c^2 = 4\,\frac{ab}{2} + (a-b)^2 = 2ab + (a-b)^2, \text{ ou, } c^2 = a^2 + b^2.$$

ce qui est la proposition qu'il fallait démontrer (Bija-Ganita, § 146).

Les formules d'analyse

$$\begin{aligned}
2ab \quad + (a-b)^2 &= a^2 + b^2, \\
(a+b)^2 - (a^2+b^2) &= 2ab, \\
(a+b)^2 - \quad 4ab \quad &= (a-b)^2,
\end{aligned}$$

sont démontrées par des figures qui parlent aux yeux et à l'esprit, sans qu'il soit besoin d'aucune explication (§ 147, 149 et 150).

Pour la résolution en nombres rationnels de l'équation indéterminée du second degré.

$$ax + by + c = xy \, .$$

Bhascara fait voir, par une figure qui donne une signification géométrique à cette équation, qu'elle peut se transformer en celle-ci

$$(x - b)\ (y - a) = ab + c.$$

D'où il conclut qu'on peut prendre pour les valeurs rationnelles de x et de y

$$x = b + n, \quad y = a + \frac{ab + c}{n} \, ;$$

n étant un nombre arbitraire.

Bhascara appelle cette démonstration *géométrique*. Il en donne ensuite une purement *algébrique* (§ 212-214).

Plusieurs questions de Géométrie sont résolues dans le Bija-Ganita, comme application des règles d'algèbre. Quelques-unes dépendent d'équations indéterminées du second degré. Telles sont ces deux-ci : « Trouver (en nombre rationnels) les côtés du triangle » rectangle dont l'aire est exprimée par le même nombre que l'hypoténuse, ou bien » est égale au produit des trois côtés. » (§ 120.)

Dans le premier cas, les côtés du triangle sont $\frac{20}{6}$, $\frac{15}{6}$ et $\frac{25}{6}$; et dans le second cas, ils sont $\frac{4}{10}$, $\frac{3}{10}$ et $\frac{5}{10}$. Bhascara ajoute qu'on peut trouver d'autres solutions [1].

Ces détails montrent que les Indiens, du temps de Bhascara du moins, appliquaient l'algèbre à la Géométrie, et la Géométrie à l'algèbre. Nous ne trouvons pas les mêmes traces d'une alliance aussi intime entre ces deux sciences, dans l'ouvrage de Brahmegupta. C'est probablement parce qu'il est écrit beaucoup plus succinctement que celui de Bhascara; qu'il contient beaucoup moins d'exemples des règles algébriques, et qu'il n'en donne jamais aucune sorte de démonstration. Mais nous devons penser que cette application de l'algèbre à la Géométrie, qui donne aux ouvrages de Bhascara un caractère particulier, date d'un temps bien antérieur à cet écrivain, d'autant plus qu'elle a fait aussi le caractère des ouvrages arabes plusieurs siècles avant l'âge de Bhascara; au temps, par exemple, de Mohammed ben Musa (IXe siècle). Les Arabes n'ont pu puiser que chez les Indiens, cette manière de procéder en mathématiques, qui n'était point pratiquée par les Grecs.

Nous avons rejeté l'idée que les ouvrages indiens nous présentassent des élémens de

---

[1] Les deux problèmes dépendent respectivement des deux équations .

$$x^2 y^2 = 4(x^2 + y^2) ,$$

$$x^2 + y^2 = 1.$$

Géométrie, de même qu'ils nous offrent des traités d'arithmétique et d'algèbre. Nous croyons avoir démontré, en effet, que tel ne pouvait avoir été l'objet de l'ouvrage de Brahmegupta, qui roule sur une seule question de Géométrie. Mais nous ne pouvons en dire autant de l'ouvrage de Bhascara; et nous consentons à y voir le résumé des connaisssances géométriques en circulation dans les temps modernes chez le peuple indien. La manière dont l'auteur a défiguré l'ouvrage de Brahmegupta pour former le sien, et les notes des divers scoliastes, dont aucun ne l'a repris, nous prouvent que la science a singulièrement décliné chez les Indiens, et qu'ils n'ont plus de véritable traité de Géométrie.

Nous ne saurions nous prononcer de même sur l'état de la science au temps de Brahmegupta. Les documens nous manquent; et nous ne pourrions dire si l'intelligence et le génie mathématiques de cet écrivain et de ses contemporains étaient bien à la hauteur des ouvrages si parfaits et si remarquables qu'il nous a transmis; ou bien si ces ouvrages ne seraient pas eux-mêmes, comme ceux des écrivains postérieurs, de simples fragmens d'un savoir véritable et très-ancien, qui auraient échappé à la destruction des temps et qui n'auraient point encore perdu, dans le siècle de Brahmegupta, leur perfection et leur pureté primitive. Le célèbre hollandais Stevin, qui admettait un *siècle sage* « où les » hommes ont eu une connaissance admirable des sciences», siècle qui avait précédé celui des Grecs et qui ne lui avait transmis qu'une faible partie seulement de son savoir antique [1], Stevin, disons-nous, et notre illustre Bailly [2] ne balanceraient point à se prononcer dans cette question, à la vue des ouvrages si étonnans de Brahmegupta.

Pour nous, qui n'avons point à aborder ici une si haute question historique, nous nous bornerons à appeler sur la partie géométrique des ouvrages de Brahmegupta et de Bhascara, qu'on avait négligée jusqu'ici, l'attention des savans orientalistes, et des érudits qui s'occupent de l'histoire de l'Inde et de la marche de la civilisation humaine. Cette partie géométrique pourra leur procurer quelques documens et quelques aperçus utiles.

[1] *OEuvres mathématiques de Simon Stevin* ; in-fol., Leyde, 1634. *Géographie* ; définition VI, p. 108.

[2] « Ces méthodes savantes, pratiquées par des ignorans, ces systèmes, ces idées philosophiques, dans des » têtes qui ne sont point philosophes, tout indique un peuple antérieur aux Indiens et aux Chaldéens : peuple » qui eut des sciences perfectionnées, une philosophie sublime et sage, et qui, en disparaissant de dessus la » terre, a laissé aux peuples qui lui ont succédé quelques vérités isolées, échappées à la destruction, et que le » hasard nous a conservées. » (*Histoire de l'astronomie ancienne*, livre III, § xviii).

(Extrait du tome XI des *Mémoires couronnés* par l'Académie royale des Sciences et Belles-Lettres de Bruxelles.)

www.ingramcontent.com/pod-product-compliance
Ingram Content Group UK Ltd.
Pitfield, Milton Keynes, MK11 3LW, UK
UKHW021620130726
13696UKWH00005B/1971